胡文学 著

SHUKAN BANSHI YU
YANGSHI SHEJI

书刊版式与样式设计

U0363329

知识产权出版社
全国百佳图书出版单位
——北京——

图书在版编目（CIP）数据

书刊版式与样式设计／胡文学著．—北京：知识产权出版社，2024.4
ISBN 978-7-5130-9347-7

Ⅰ．①书… Ⅱ．①胡… Ⅲ．①图书–版式–设计 Ⅳ．①TS881

中国国家版本馆 CIP 数据核字（2024）第 079538 号

内容提要

本书结合实例探讨了书刊设计中的版式与样式。在"版式"部分，则聚焦于版式设计的原则和技巧，如明确主体、分开主体和副体、群化、避免暧昧、整理流向、抑制四角、利用版心线等。在探讨设计的理论和技巧的同时，还提供了针对不同类型书刊的设计建议。在"样式"部分，深入探讨了书刊设计的基本元素，包括视觉度、图版率、网格约束率、空白率、文字排列和字体印象等内容。希望帮助读者从理论到实践，全面理解书刊版式设计的各个方面。

本书可以作为书刊设计专业学生教材。

责任编辑：阴海燕　　　　　　　　　责任印制：孙婷婷

书刊版式与样式设计
SHUKAN BANSHI YU YANGSHI SHEJI
胡文学　著

出版发行：知识产权出版社 有限责任公司	网　　址：http://www.ipph.cn
电　话：010 - 82004826	http://www.laichushu.com
社　　址：北京市海淀区气象路 50 号院	邮　编：100081
责编电话：010 - 82000860 转 8693	责编邮箱：laichushu@ cnipr.com
发行电话：010 - 82000860 转 8101	发行传真：010 - 82000893
印　　刷：北京建宏印刷有限公司	经　销：新华书店、各大网上书店及相关专业书店
开　　本：720mm×1000mm　1/16	印　张：8.5
版　　次：2024 年 4 月第 1 版	印　次：2024 年 4 月第 1 次印刷
字　　数：117 千字	定　价：48.00 元

ISBN 978-7-5130-9347-7

前　言

　　图书作为知识和文化的主要载体之一承担着重要的角色，在促进学术交流、知识积累及文化传承方面发挥着不可或缺的作用。书刊设计的重要性毋庸置疑，它不仅关系到信息的有效传递和读者的阅读体验，还影响着图书的市场接受度和文化价值的传播。随着数字化媒体的兴起和阅读习惯的变化，读者对书刊设计的要求也在不断提高。书刊设计旨在通过创新的设计理念和方法，使图书在众多信息源中脱颖而出，更好地服务于知识的传播和文化的交流，深入研究和探讨书刊设计的策略和实践，对于提升图书的传播效率和文化价值具有重要意义，因此本书应运而生。

　　本书旨在为设计师们提供一份全面而深入的理论支撑和实践指导，全书分为"样式"和"版式"两大部分，每一部分都致力于探索如何更有效地通过视觉语言传达信息，提升读者的阅读体验。

　　在"样式"部分，我们深入探讨了书刊设计的基本要素，包括视觉度、图版率、网格约束率、空白率、文字排列和字体印象等。这些要素是书刊版式设计的基石，它们相互作用，共同构建起一本书的视觉风格。通过理解和运用这些基本要素，设计师可以更好地呈现图书的视觉效果，使其既能吸引读者的眼球，又能提升阅读的舒适度和效率。

在"版式"部分，则聚焦于版式设计的高级原则和技巧，如明确主体、分开主体和副体、群化、避免暧昧、整理流向、抑制四角、利用版心线等。这些原则和技巧旨在指导设计师如何有效地组织图书的内容，确保信息的清晰传达和良好的视觉秩序。无论是在处理复杂的信息层次，还是在追求视觉美感的同时保持内容的可读性，这些高级原则都是不可或缺的工具。

在探讨版式设计的理论和技巧的同时，我们还针对不同类型书刊提供了设计建议。无论是文学作品、学术著作、儿童读物，还是艺术画册，设计师都能在这本书中找到对应的设计建议和灵感。这些基于深厚的行业经验和广泛案例研究的针对性建议，旨在帮助设计师更好地理解不同类型书刊的特点和读者需求，从而创作出既符合内容特性又能吸引目标读者的设计作品，从理论到实践，全面理解书刊版式设计的各个方面。

本书是为书刊设计师量身打造的书籍。希望通过本书，为设计师提供更多的灵感和方法，使他们不仅能创作出既美观又实用的书刊设计作品，更能通过设计提升读者的阅读体验，传递更多的知识和价值。

在编写这本书的过程中，我们深感书刊版式设计艺术与科学的双重性，既需要创意和直觉，又需要遵循设计原则和规则。因此，本书试图在遵循设计规律的同时，鼓励设计师们发挥个人的创造力，探索和实践自己的设计风格，又通过提供各类书刊的设计建议，进一步强化了实用性和针对性。

最后，希望《书刊版式与样式设计》能成为设计师手中的一把钥匙，开启更广阔的设计视野，探索更多的可能。在这个快速变化的世界中，设计不仅是表达创意的方式，更是连接知识与读者的桥梁，让我们一起通过设计，让这个世界变得更加美好。

目　录

第 ❶ 章　版　式

第 二 章 样 式

第一章

版式

书刊设计中的版式，也称为版面设计或排版，是指在书刊制作过程中，对文字、图像以及其他元素如何在页面上布局和组织的艺术与技术。版式设计在书刊设计中扮演着至关重要的角色，它不仅涉及视觉美学的考量，还关系到信息的有效传递和阅读体验的优化。版式设计作为书刊设计中的核心环节，对于读者、出版单位和设计师都有着重要意义。它不仅影响着书刊的美观度和阅读体验，还直接关系到书刊的市场表现和出版质量。一个成功的版式设计需要综合考虑美学、功能性和成本效益，以满足不同角色的需求和期望。

对于读者而言，良好的版式设计通过合理的字体选择、行距调整和段落间距优化，使得文本清晰、易读。对于长篇阅读材料，这一点尤其重要，因为它直接影响到读者的阅读舒适度和阅读疲劳程度。通过有效的版面布局和信息组织，可以引导读者的注意力，突出重点信息，使读者更容易理解和记住内容。例如，将关键信息或数据以图表、插图的形式呈现，可以帮助读者更快地抓住主旨，加深理解。一个美观的版式设计能够激发读者的阅读兴趣，通过色彩、图像和文字的和谐搭配，创造出富有吸引力的视觉页面，让读者在享受美的同时获取知识。书籍的版式设计可以传达特定的情感和氛围，帮助读者更好地进入作者的世界观和情感状态。比如，一本关于历史的书籍可以采用古典风格的字体和装饰，以此来营造一种时代感；而一本儿童图画书则可以使用鲜艳的颜色和活泼的插图，以吸引儿童的注意力并激发他们的想象力；在参考书籍或学术文献中，版式设计通过明确的章节划分、页眉页脚设计、目录和索引的布局，帮助读者快速定位信息，提高阅读效率。随着电子书和网络阅读材料的普及，版式设计需要考虑到不同设备的显示特性，确保无论是在纸上还是屏幕上，内容的呈现都能适应读者的阅读习惯。这包括对屏幕尺寸的适应性调整、互动元素的设计等。一个精心设计的版式不仅增强了阅读的直接体验，能够让读者在不知不觉中沉浸于书籍内容，还在潜移默化中加深了读者对内容的理解和感受，从而达到知识传递和文化交流的目的。

从出版单位的角度来看，版式设计不仅是书刊制作过程中的一个重要环节，它还直接关系到书刊的市场表现和出版社的品牌形象。第一，在书架上，一本设计精美的书刊更容易吸引潜在读者的注意力。版式设计的独特性和创新性可以使书刊在众多竞争产品中脱颖而出，增加其市场吸引力，这意味着更高的销售潜力和市场份额。第二，一贯的高质量版式设计反映了出版单位的专业水平和审美品位，有助于建立和维护出版单位的品牌形象。优秀的版式设计被视为出版单位对内容质量和读者体验重视的标志，有利于赢得读者和作者的信任，长期来看，这对于出版单位的品牌忠诚度和市场地位至关重要。第三，通过高效的版式设计，出版单位可以在保持内容质量的同时优化印刷和分发成本，合理的页面布局和利用率不仅减少了纸张浪费，还能降低印刷费用。第四，通过灵活的版式设计，可以更好地服务于不同的细分市场，满足更广泛的读者需求。不同的读者群体可能对版式设计有不同的偏好和需求。例如，年轻读者可能更喜欢图像丰富、版式活泼的设计，而专业读者则可能更重视清晰的结构和易检索性。第五，良好的版式设计还考虑了数字版权的适配性，使得内容能够在不同平台上有效展示，进一步扩大市场影响力。随着电子书和在线阅读平台的兴起，版式设计不再局限于纸质书籍。出版单位需要考虑如何在数字环境中有效地展示内容，包括适配不同设备的屏幕尺寸、设计互动元素等，以提高数字内容的吸引力和用户体验。良好的版式设计有助于内容的再利用和跨平台发布，这对出版单位来说意味着更大的灵活性和收益潜力。通过设计允许的版式调整，出版单位可以更容易地将内容适配到不同的媒介和格式，如电子书、有声书或应用程序，从而开辟新的收入渠道。版式设计对于出版单位而言是连接创意、内容质量和市场表现的关键环节，通过投资于高质量的版式设计，不仅能够提升书籍的市场竞争力和品牌形象，还能在成本控制、内容多样化和数字化转型方面获得显著优势。

从设计师的角度看，版式设计不仅是展示个人创意和技术技能的机会，它还承担着将作者意图和内容以最佳形式传达给读者的责任。设计师通过版式设计将创意想法转化为实际的视觉表达。这不仅需要艺术感觉和创新思维，还需要深厚的技术知识，包括对印刷工艺、数字出版标准的了解，以及熟练运用设计软件的能力。版式设计成为设计师展现其专业全面性的舞台。设计师面临的挑战是如何在有限的页面空间内有效地组织文字、图像和其他元素，以清晰、吸引人的方式传达信息。这要求设计师不仅要理解内容本身，还要了解目标读者的偏好和阅读习惯，从而制定出既符合内容需求又符合审美趋势的设计方案。精心的版式设计，可以增加书籍的吸引力，鼓励读者探索和阅读；选择合适的字体、颜色和图像，以及优化页面布局，不仅能够美化视觉效果，还能提高文本的可读性和易理解性，从而提升整体的阅读体验。设计师通过版式设计搭建了一个沟通桥梁，将作者的思想和感情以视觉形式传达给读者。这需要设计师深入理解作者的意图和书籍的核心信息，以及构思如何通过视觉元素和布局将这些无形的内容具象化和强化。设计师需要不断更新自己的设计理念和技能，以适应不断变化的设计趋势和读者偏好。同时，通过创新和实验，设计师也有机会引领新的设计潮流，影响未来书刊设计的方向。在数字化趋势下，设计师需要掌握如何在不同的数字平台上进行有效的版式设计，包括适应各种屏幕尺寸和操作系统，以及利用数字媒体的特性（如互动性和多媒体集成）创造新型的阅读体验。成功的版式设计不仅可以为设计师带来职业上的认可和成就感，还能够为其提供不断学习和创新的机会，促进个人技能的成长和职业生涯的发展。总之，从设计师的角度来看，版式设计是一项既具挑战性又充满创造性的工作，它要求设计师在艺术创意和技术实现之间找到平衡，同时满足内容的传达需求和读者的阅读体验，通过视觉语言讲述故事、传递情感和分享知识。

第一节　明确主体

我们每天都被大量的数字内容所包围，从社交媒体的短视频到即时新闻更新，这些信息的快速流动和易获取性对传统媒介提出了新的挑战。在这样的背景下，图书与期刊——这种传统的知识和信息载体，正面临着转型和适应的重要时刻，书刊版式设计的重要性也愈发凸显。书刊版式设计超越了单纯的文字排列和图像布局，它是艺术和技术的融合，旨在创造一种独特的阅读体验，这种体验能够激发读者的想象力，促进深度思考，甚至触动读者的情感。在数字媒体日益占据主导地位的今天，书刊版式设计不仅仅是一种艺术创作和技术实践，更是一种文化传承和情感交流的重要方式。通过精心设计的版式，书刊能够将读者从快节奏的信息流中抽离出来，引导他们进入一个由文字和图像构建的丰富世界，体验知识的深度和情感的丰富性。在这个过程中，书刊版式设计的"主体"无疑是最为关键的元素，它不仅承载着书刊的核心信息，也是吸引读者和增强阅读体验的关键所在。书刊版式设计中的"主体"通常指的是书籍中的主要文本、图像或两者的结合，它是信息传递和艺术表达的核心。一个清晰、有力的主体不仅能够立即吸引读者的注意力，而且能够促使他们深入阅读，探索书中的知识和故事。因此，主体的选择和设计是书刊版式设计中最为重要的决策之一，它直接影响到书刊是否能够成功地与读者沟通，实现其文化和教育的目的。

在书刊版式设计的实践中，设计师面临着如何处理主体以提升沟通效能和艺术价值的挑战。艺术价值在于创新和表现的独特性，而沟通效能则取决于信息的清晰度和阅读体验的舒适度。设计师必须在保持设计创意和新颖性的同时，确保文本和图像的排版布局能够使读者轻松阅读，信息清晰传达。这不仅包括对文字排版的考量，如字体选择、行距、段落间距，也包括图像与文本的和谐搭配，以及页面的整体视觉平衡。深入探讨主体在书刊版式设计中的作用，意味着要综合考虑如何通过版面的布局、色彩使用、字体选择等元素强化主体的表现力。此外，设计师还需探索如何通过对主体的创造性处理，赋予书刊以深层次的意义和情感价值，从而激发读者的情感共鸣和思考。

总之，主体在书刊版式设计中的作用远超简单的信息传递和视觉吸引。它关系到书刊是否能够在竞争激烈的出版市场中脱颖而出，是否能够真正触动读者的心灵。通过深入分析和探讨主体的多维作用，我们可以更好地理解如何将书刊版式设计作为一种强有力的沟通工具，不仅传达知识和信息，还传递情感。

❓ 思考：
观察图 1-1，思考主体如何在版式设计中成为有效沟通和创意表达的关键？

图 1-1　突出主体的版式

在当代的设计实践中，有效沟通和创意表达是实现目标和影响观众的两大基石。这两个方面不仅塑造了设计作品的外在表现，还更深层地影响了作品与观众之间的互动和连接。在这个框架内，主体的角色显得尤为关键，它是信息传递的核心，也是创意表达的集中体现。主体如何成为有效沟通和创意表达的关键，是设计领域长期探索和研究的问题。通过对主体在设计中的应用、功能和影响的深入分析，我们可以更好地理解其在创造具有深度意义和视觉吸引力设计作品中的作用。

有效沟通在设计中意味着能够清晰、准确地传达既定的信息，触动观众的思维和情感，促使其采取行动或改变观点。而创意表达则关乎如何以独特和新颖的方式展现这些信息，使设计作品不仅传递内容，还能激发观众的想象力，引发情感共鸣。在这两个过程中，主体的选择、设计和呈现方式成为影响设计成功与否的决定性因素。

主体的定义在不同的设计领域中有所不同，但本质上指的是设计中最重要的元素或信息。在平面设计中，主体可能是一幅图像或一组文字；在产品设计中，主体可能是产品的核心功能或创新特性；在界面设计中，主体则可能是用户互动的中心点。不论在哪个领域，主体都必须被精心选择和设计，以确保它能够有效地吸引目标观众，传达关键信息，并在视觉和情感上与观众建立连接。下面我们将从主体在设计中的功能和重要性入手，分析其如何影响信息的传递和接收。

一、主体的视觉表现力

在书刊版式设计中，主体的视觉表现力是指通过视觉元素的有意安排，使书籍的关键内容——无论是文字、图像还是图表——在视觉上突出，从而吸引读者注意力、传达信息并激发情感反应的能力。主体的视觉表现力涉及设计的核心内容如何在视觉上被强调和展示，以确保读者能够立即识别和理解图书的重点信息或感受到特定的情感氛围。这不仅包括文字内容的呈现，还包括图像、图表、插图等非文字元素的设计处理。一个具有强烈视觉表现力的主体能够引导读者的视线，使其自然而然地聚焦于书刊版面中最重要的部分以下是几种突出主体的设计手段。

第一，通过颜色、大小、形状和位置等视觉元素强化主体的吸引力。

（1）颜色：颜色可以用来区分不同的信息层次或增加视觉吸引力。在书刊设计中，通过为主体选择鲜明或与背景形成高对比的颜色，可以有效地使其突出。例如，在儿童图书中，鲜艳的颜色通常被用来吸引儿童的注意力，而在专业书籍中，色彩可能被更加谨慎地使用，以强调特定的图表或关键词。

（2）大小：文字或图像的大小直接影响其在版面上的显著性。大尺寸的标题或图像会自然吸引眼球，因此，通过调整主体元素的大小，可以有效地引导读者的注意力。

（3）形状：形状和布局可以用来创造视觉兴趣或表达特定的内容。在书刊版面设计中，不规则的形状或独特的布局方式可以用来强调主体内容，吸引读者探索更多。

（4）位置：版面上的位置决定了视觉元素的视觉重要性。通常，版面的中心或其他视觉焦点区域是放置主体的理想位置，这能够使读者在翻阅时能够迅速注意到重要内容。

第二，通过创建视觉焦点以加强主体表现中的作用。

创建视觉焦点不仅是版式设计的基础技能，它也是确保设计作品既能够传达信息又具有吸引力的关键策略。设计师通过运用以下技巧，能够有效地引导读者的视线聚焦于版面中最重要的元素，增强主体的视觉表现力。

（1）对比：对比又分为颜色对比，形状对比和大小对比。

颜色对比：利用颜色的对比度可以吸引强烈的视觉注意力。例如，暖色调元素放置在冷色调背景上，或者亮色元素对暗色背景，都能使主体内容鲜明突出。

形状对比：通过在主要和次要元素之间使用不同的形状对比，如圆形与方形，可以增加视觉层次，使主体内容更为显眼。

大小对比：显著增大主体元素的尺寸，相比周围的元素，能立即抓住读者的注意力，强化其作为视觉焦点的作用。

（2）重复和节奏：主要为色彩和形状的重复。在版面设计中，通过重复某种颜色或形状，可以创造出视觉上的连贯性和节奏感。这种方法不仅增加了版面的整体感，还能引导读者的视线向预定的焦点移动。

（3）排版样式的重复：统一的字体大小、行距和对齐方式的重复使用，可以创造出清晰的阅读路径，引导读者注意力集中于特定的信息或区域上。

（4）对齐和分组：即视觉对齐和内容分组。

视觉对齐：通过对齐方式，如左对齐、右对齐或居中，在视觉上创建秩序，使信息的布局更加清晰和有组织。这种方法不仅提高了信息的可读性，也使得版面看起来更加专业和谐。

内容分组：将相关联的信息或图像通过视觉上的分组（例如，通过相同的背景色、边框或空间布局），可以明确区分不同的信息块。这样不仅增强了版面的组织性，也方便读者快速识别和处理信息。

综合运用对比、重复和节奏、对齐和分组等技巧，可以显著提升版式设计的视觉吸引力和信息传达效率。这些技巧帮助设计师创建出清晰的视觉焦点，确保读者能够迅速识别出版面中的主体内容，从而提高整体的阅读体验和信息接收效果。

二、主体与信息传达

在书刊版式设计中，主体不仅是页面上最引人注目的元素，也是承载和传达设计核心信息的关键。它通过文字、图像及其与版面其他元素的关系，向读者传递作者和设计师的意图。从主体的选择到其在版面中的表现，每一个决策都影响着信息传达的效率和效果。

在书刊版式设计中，主体是连接设计师意图与读者理解的桥梁。无论是文字还是图像，主体元素的选择和设计都直接影响读者对信息的接收和解读。设计的核心信息通常通过主体的直接表达——如关键词、核心图像或图表——向读者呈现。设计师通过强调这些元素的视觉特性，如大小、颜色和位置，确保它们能够在版面中突出显示，从而吸引读者的注意力，引导他们理解和吸收关键信息。

当文字作为主体时，其字体选择、排版和对比度等都是传达信息的关键因素。清晰易读的字体和合理的排版布局可以提高信息的可接入性，而适当的对比度和颜色使用则可以突出重要信息，使其更易被读者注意到。图像，包括插图、照片和图表，作为一种强有力的视觉媒介，能够直观地传达复杂信息或情感。在使用图像作为主体时，选择与核心信息紧密相关的图像，并通过视觉设计技巧如对比和焦点强化，确保图像能够有效地传达预期信息。无论是文字还是图像，清晰度都是确保信息能够有效传达的基本要求。模糊不清的元素不仅会降低读者的阅读体验，还可能导致信息的误解。因此，在版式设计中保持元素的清晰度，是信息传达的首要前提。

在设计中追求简洁性，有助于避免过度装饰或复杂的版面布局干扰信息的传达。简洁的设计不仅能够提升美学价值，还能使核心信息更加突出，易于读者理解。合理的视觉层次可以引导读者的视线流动，突出主体元素，同时组织辅助信息的呈现顺序。通过对版面元素进行层次分明的设计，设计师可以创造出既有吸引力又易于导航的页面，从而有效地传达信息。

三、设计结构与主体

在版式设计中，主体与设计结构之间存在着密切而复杂的关系，这种关系是构建有效视觉传达的基础。主体是指书刊要传达的核心内容和主题，包括文字、图像、图表等元素。设计结构是指书刊版面的整体框架和布局，包括页面大小、边距、列的布局、文字和图片的排版等。设计结构的首要目的是清晰、有效地传达书刊的主体内容。一个良好的设计结构能够确保读者可以轻松地理解和吸收信息，同时提升阅读体验。设计结构和主体内容是互动的，一方面，设计结构需要适应主体内容的需求，确保所有必要的信息都被恰当地展现。另一方面，主体内容的特点，如重点、结构和流动性也会影响设计结构的选择。设计师需要根据内容的特性来决定如何分配页面空间、如何安排文字和图像，以及如何通过页面设计来引导读者的注意力。例如，一个关于艺术史的图书可能会采用宽敞的边距和大幅插图，以突出视觉元素；而一本科学教材则可能更注重于图表和清晰的分栏布局，以便于解释复杂的信息。

主体不仅是信息传递的核心，也是影响版式设计整体结构和布局的关键因素。主体在版式设计中的地位决定了整体布局的方向和结构，设计师要首先确定主体元素——无论是图像、文字还是图表——然后围绕这些元素规划其他设计元素的位置和层次。主体的大小、形状和位置直接影响版面的视觉重心和阅读流动，从而塑造出版面的整体结构。一个成功的书刊版式需要设计师精心平衡两者之间的关系，才能创造出既有深度又美观的读物。

四、主体的创意表达

"主体的创意表达"是指设计师如何利用设计元素表达特定的主题、情感或信息，从而使作品不仅传达信息，还具有吸引力和创新性。设计师的个人风格和创意是他们作品的独特印记，往往是设计师长期实践和探索的结果，通过色彩选择、字体搭配、图形设计以及布局方式，表达设计师自己的审美观和设计理念。例如，一位偏好极简主义的设计师可能会选择简洁的线条和大面积的留白，以此来表达其对简洁美的追求。在版式设计中，创新和独特的主体处理方式是提升作品独特性和吸引力的关键，这可能包括对传统元素的重新解释、非常规布局的尝试，或是采用最新的设计趋势。例如，通过将传统文化元素与现代设计手法结合，可以创造出既具有文化底蕴又不失现代感的设计作品。此外，实验性的排版、色彩的大胆运用或是非常规材料的选择，都可以大大增强设计的视觉冲击力，使其成为独一无二的艺术作品。

随着技术的发展和创新材料的出现，为设计师提供了广泛的创意表达工具和可能性。软件如 Adobe Photoshop 和 Illustrator 使得创意绘图和图形设计变得更加高效和精确，设计师可以轻松修改和完善作品。VR 和 AR 技术为设计师提供了创建沉浸式体验的新途径，这在教育等种类的图书中尤为突出。尽管数字技术日益盛行，传统材料和手工艺的价值并未减弱，反而与现代设计理念和技术相结合，开辟了新的创意表达路径。新技术的影响不仅体现在数字技术的广泛应用上，也反映在传统材料和手工艺的现代化转型以及对可持续性材料的关注上。尽管数字技术日益盛行，传统材料和手工艺的价值并未减弱，反而与现代设计理念和技术相结合，开辟了新的创意表达路径。通过使用特殊纸张、独特的印刷和装订技术，设计师可以为印刷品增添独特的触感和视觉效果，如凹凸印刷、烫金、丝网印刷等。手工艺如书法、水彩、版画等，与现代设计理念相结合，为设计作品增添了个性和艺术价值。生态设计不仅体现在材料选择上，还包括整个设计过程的环境影响考量，如能源效率、长期耐用性和再利用可能性。技术的发展和材料的创新为设计师提供了无限的创意空间和表达可能性。通过巧妙融合数字技术、传统手工艺和可持续性理念，设计师不仅能够创作出视觉上吸引人的作品，还能传达更深层次的价值和意义。

第二节　分开主体与副体

书刊版式设计是一门艺术和技术的结合体，它不仅关乎信息的有效传递，还涉及阅读体验的优化。在这个过程中，对主体和副体的处理尤为重要。通过细致分析主体和副体在书刊版式设计中的角色、功能以及它们之间的互动关系，我们将理解分开主体与副体对于提升版面美观性、增强读者理解和记忆以及优化阅读路径等方面的重要性。

主体文本是书刊的核心，直接承载了作者的主要思想和信息，它的设计和布局是整个版式设计过程中的重心。其直接向读者传达主题思想、故事情节或专业知识，并在版面设计中占据主导地位，吸引读者注意力。副体文本辅助主体文本，提供额外的说明、背景信息或深入分析，通过注释、脚注、引用等形式补充主体文本，帮助读者理解复杂或专业性的内容。

主体和副体之间的互动关系是书刊版式设计中一个复杂而精细的过

程，具有以下几点重要意义。

第一，提升阅读清晰度。主体文本作为书籍的核心内容，需要被清晰地展现。在书刊设计中，信息层次的清晰度直接影响读者的理解和记忆。通过将主体和副体从视觉上分开，能够创造出明确的信息层次，使读者能够一眼区分哪些是主要信息，哪些是补充或辅助信息。这种层次感的建立有助于读者建立正确的阅读重点，从而提高理解和记忆效率。认知心理学告诉我们，信息处理的效率受到认知负担的影响。当页面上的信息过于密集或混杂时，读者的大脑需要投入更多的资源去筛选和处理信息，这会增加认知负担，从而降低阅读效率。分开主体和副体，尤其是在视觉上进行区分（如不同的字体、字号、颜色或边距设置），可以明显减轻读者的认知负担，使阅读过程更加轻松和愉悦。阅读速度是衡量阅读效率的另一重要指标。在书刊版式设计中，通过分开主体和副体，可以引导读者的视线流动，使其更快地捕捉到关键信息。例如，主体文本的排版设计可以优化为便于快速阅读的格式，而副体文本则可以通过较小的字号或置于页边的方式来减少对主阅读流程的干扰。这样的设计不仅提高了阅读速度，也增强了信息吸收的效率。虽然提升阅读清晰度主要关注于信息的传递和处理，但视觉吸引力也是一个不可忽视的因素。分开主体和副体的设计不仅有助于信息的清晰传达，也能通过视觉上的对比和层次感增加版面的吸引力。这种吸引力可以激发读者的阅读兴趣，进而促进更深入地阅读和探索。将主体和副体分开处理，还支持了多样化的阅读路径。读者可以根据自己的需求和兴趣选择重点阅读主体文本，或在感兴趣的部分深入查阅副体文本。这种灵活性对于提高阅读体验和满足不同读者的需求至关重要。

第二，增强版面的视觉效果。在书刊版式设计中，分开主体和副体不仅有助于信息的清晰传递，还在很大程度上增强了版面的视觉效果。

在版面上创造出丰富的视觉层次使得版面不仅在视觉上更加丰富多彩，而且有助于读者在阅读过程中自然而然地区分信息的重要性。通过分开主体和副体并巧妙运用设计元素，如独特的色彩搭配、特别的字体选择、创新的布局方式，书刊可以更好地表达其个性化和品牌特色，吸引特定的读者群体，从而增强书刊的市场竞争力。

第三，促进信息的有效组织。在复杂的信息结构中，分开主体和副体有助于信息的有效组织和呈现。这种分法可以使信息层次更加清晰，便于读者根据自己的阅读需要选择重点阅读或简单了解。这种方法尤其适用于包含大量专业术语、复杂概念或详细数据的书籍。副体文本（如脚注、边注、图例引用等）提供了一个额外的信息层次，有助于读者在需要时进行深入了解，而不会打断主体文本中的阅读流程。不同的读者可能有不同的阅读偏好和需求。有的读者可能更倾向于快速获取主要观点，而另一些读者则可能对细节和背景信息感兴趣。分开主体和副体允许读者根据自己的需要选择阅读的深度和广度，从而提供了一种更加个性化和灵活的阅读体验。

第四，优化信息层次结构。优化信息层次结构是书刊版式设计中分开主体和副体的关键目的之一，通过明确区分主体和副体文本，可以创建一个直观的阅读导向，引导读者按照预定的逻辑顺序进行阅读。这种导向性确保读者能够首先关注到核心信息，然后根据需要进行更多的细节或背景信息探索。优化的层次结构使阅读过程变得更加有序，减少了读者在信息海洋中迷失方向的可能性。在书刊内容中，不是所有信息都具有相同的重要性，通过分开主体和副体，设计师能够利用视觉和空间的差异来强调核心观点或关键信息。从美学的角度看，一个良好的信息层次结构不仅提高了内容的可读性，也增加了版面的美观性和专业性。既富有视觉吸引力又易于理解的版面，能够使书刊在众多同类竞品中脱颖而出，从而增强读者对作品的信任和好感。不同的读者可能对相同内容有不同的阅读需求和偏好。优化的信息层次结构允许设计师提供多样化的阅读路径，满足不同读者的需求。例如，希望快速了解核心概念的读者可以主要关注主体文本，而对细节感兴趣的读者则可以深入探索副体文本中的额外信息。这种灵活性增加了书刊的可用性和吸引力，提升了读者的整体满意度。

　　在设计过程中，确保主体和副体之间的和谐互动是至关重要的。这不仅涉及版面的视觉美感，更关乎阅读体验的质量和内容的有效传递。设计师需要精心规划两者的布局和设计，以实现信息的清晰传递和读者的舒适阅读。

？ 思考：
观察图 1-2，思考如何实现主体和副体的清晰划分？

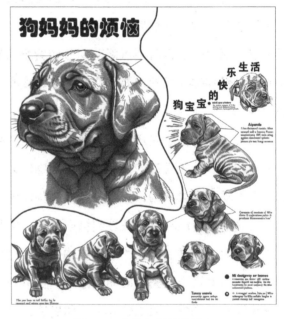

图 1-2　主体与副体的划分

　　设计师可以通过字体与字号的差异化、色彩与高亮、边距与分栏、注脚和脚注以及明确的视觉引导来实现主体与副体的清晰划分。

一、字体与字号

（1）字体：主体文字通常选择易读性强的字体，如宋体或 Times New Roman，而副体（如脚注、引用、边注）可以选择风格相辅相成但稍微有区别的字体，如楷体或 Garamond。这种风格上的差异有助于视觉上区分不同的文本部分。同时，使用不同的字体粗细来区分主体和副体。字体粗细的程度即字重。主体文本使用常规字重，而副体文本使用细字重或斜体，通过字体的形态差异来实现视觉上的区分。

（2）字号：主体文本的字号应该选用阅读舒适的基准大小，一般根据出版物的具体需要来定，常见的字号为 10~12 点（point，pt）。副体文本，如脚注、图表说明、引用等，其字号应小于主体文本的字号，常见的做法是主体文本字号减小 1~2 点。这样的差异化有助于读者在视觉上快速识别主次文本，但仍保持足够的可读性。

（3）行间距和段落间距：一般来说，主体文本的行间距会设置得比较宽松，以提高阅读舒适度；而副体文本可以适当减小行间距和段落间距，以减少页面占用空间，同时也通过这种空间上的差异进一步区分主次文本。

二、色彩与高亮

（1）背景与文字色彩：主体文本和副体文本使用不同的背景色或文字色彩可以清晰地区分它们。例如，主体文本保持黑色字体在白色背景上，而副体文本则可以使用淡灰色字体或在浅色背景框中展示，以减少视觉上的竞争。

（2）色彩强度与饱和度：使用不同的色彩强度和饱和度来区分文本。主体文本通常使用高对比度的颜色（如黑色或深色调）以确保最佳的可读性，而副体文本可以采用较低饱和度的颜色，减少其主导性，使读者的注意力更集中在主体文本上。色彩不仅是视觉元素，还能影响情绪和感知。选择色彩时，要考虑其心理效应，如蓝色常带来安静和专注的感觉，适合用于较长的文本；而红色或黄色等暖色调可用于引起注意或突出重要信息。设计时应考虑色盲和视觉障碍者的阅读需求，避免仅依靠颜色区分信息，要确保即使在灰阶显示下，文本的主次也能被清晰识别。

（3）关键信息高亮：在主体文本中，可以通过高亮关键词或短语（如使用加粗或颜色高亮）来吸引读者注意力，强调重要信息。但这种高亮应谨慎使用，避免过度分散读者的注意力。对于副体文本，如脚注、引用、边注等，可以通过边框、背景色或标记符号（如星号或数字索引）来高亮，既区分于主体文本，又不干扰主要阅读流程。

注意，在整本书的设计中保持色彩和高亮的一致性，建立一套统一的视觉标识系统。这样不仅有助于维持版式的整体美感，也能使读者在不同章节间更容易地识别和理解文本结构。

三、边距和分栏

（1）边距的大小：通过调整页面的边距大小，可以创造出清晰的文本区域，从而区分主体和副体文本。一般来说，较大的边距可以使页面看起来更加舒展，有助于突出主体文本；而副体文本，如脚注或边注，可以放置在相对较小的边距区域内。

（2）内边距与外边距：适当的内边距（文本与文本框边缘之间的空间）和外边距（不同文本框之间的空间）不仅有助于清晰地区分不

同的文本块，还能提高版面的整体美观和阅读的舒适度。

（3）单栏与多栏设计：主体文本通常采用单栏布局，以保持内容的连贯性和易读性；而副体文本，如图表说明、边注或参考资料，可以通过多栏布局或单独的文本框进行区分，这样既节省了空间，又保持了版面的清晰度和组织性。

（4）栏宽和栏间距：合理的栏宽和栏间距对于提升版面的可读性至关重要。栏宽应保证文字行的长度适中，避免阅读疲劳；栏间距足够宽，可以明确划分不同的文本区域，同时又不致分散读者的注意力。

（5）边框和分隔线：在主体文本和副体文本之间使用边框或分隔线，是一种简单有效的划分方法。这些视觉元素可以吸引读者的注意力，同时也是信息层次结构的重要指示器。

（6）对比与协调：在使用边距和分栏设计时，应注意保持页面元素之间的视觉对比和协调。例如，主体文本区域应保持较为统一和连贯，而副体文本区域可以通过不同的布局或设计细节进行区分，但整体上应与主体文本保持和谐。

（7）灵活的版式设计：可根据内容的特点和重要性灵活调整边距和分栏的布局。例如，在展示大量数据或图表时，可以适当增加分栏数目或调整分栏宽度，以优化信息的展示和阅读体验。

四、注脚和脚注

（1）定义：注脚泛指对正文内容的解释说明，通常出现在页面的底部，紧跟着引用它们的文本。常见的有置于页面底部的注脚称脚注和置于章或节后的注脚称章节注。这种布局自然地将读者的注意力从主体文本转移到补充信息上，不需要跳页或过多移动视线。

（2）格式：注脚和脚注的字体大小、样式与主体文本有所不同。通常，它们的字号会比主体文本小，可能使用不同的字体或风格（如斜体），以便于区分。适当的使用加粗或不同颜色的文本也有助于标示。

（3）编号或标记：使用连续的编号或特定的标记（如星号、方块等）来关联文本和对应的注脚。这样的系统使读者可以轻松地在主体文本和补充信息之间来回参照。

（4）交叉引用：在必要时，注脚内可以包含对其他页面或章节的交叉引用，进一步增强文本的互联性和深度。

（5）分隔线：在脚注区域与主体文本之间使用分隔线，既可以从视觉上区分这两部分内容，也有助于维持页面的整洁和组织性。

（6）层次结构：注脚内的信息应该有良好的层次结构，如先给出最直接相关的解释或参考，然后是次要或更详细的信息。这种结构可以帮助读者根据需要选择深入阅读的程度。

（7）章节注：对于一些重要但不是立即需要的补充信息，可以考虑使用章节注而不是脚注。章节注出现在每一章或节的末尾，提供一种更为集中的参考信息查看方式。

（8）超链接：在电子书或在线文档中，注释可以通过超链接直接连接到相关文本，点击即可跳转查看详情，这为读者提供了极大的便利。

在整本书中保持注脚和脚注的格式和处理方式的一致性是非常重要的，这不仅有助于建立一种统一的视觉风格，还能使读者在不同部分之间轻松导航。

五、明确的视觉引导

（1）页眉和页脚：在页眉或页脚中使用不同的设计元素，如不同的色彩、图案或字体风格，以提供关于章节、页码或副标题的信息，从而辅助读者导航。

（2）目录和索引：通过详细的目录和索引，以及它们在页面上的视觉突出处理，可以帮助读者快速找到感兴趣的主题或关键信息，增强整体的阅读体验。

（3）图标和符号：在版式设计中使用图标和符号来指示特定类型的信息，如提示框、注意事项等。这些图形元素可以作为视觉暗示，帮助读者快速识别信息类别。

（4）空间分隔：合理利用空白空间（负空间）可以有效地区分主体和副体文本。适当的空白不仅能提高版面的整体美观，还能作为视觉暂停，帮助读者区分和消化信息。

通过上述设计策略可以有效区分主体和副体文本，从而提高读者的阅读效率和享受。

第三节　群　化

在平面版式设计中，群化是一种视觉设计原则，通过将相关的元素在视觉上连接在一起，帮助创建清晰的信息结构。这种结构化的方法使得信息更易于管理和导航，特别是在包含大量内容和复杂信息的设计项目中。通过有效的群化，可以引导用户的注意力，确保重要信息被优先看到和理解。群化不仅是一种功能性工具，也是一种美学策略，群化有助于在视觉上创建节奏和重点，通过对元素进行精心的组织和布局，设置对比和重复来吸引读者的注意。版式设计的核心目标之一是有效地沟通信息，群化通过逻辑上区分不同的信息块，帮助读者理解和记忆内容。这种方法在教育材料、用户手册和网站设计中至关重要，它能帮助读者快速找到所需信息，理解复杂概念，并跟随设定的路径阅读。在数字媒体和电子出版物中，群化的应用对于提升用户体验至关重要，它影响用户如何与内容互动，以及能否快速找到所需信息。通过合理地应用群化原则，设计师可以减少用户的认知负担，使界面更直观易用，提高可用性和功能性。合理群化可以在有限的空间内展示更多的信息，同时还能保持版面的清爽和不拥挤。这种平衡是通过控制元素之间的关系、大小和排列来实现的，是高效版式设计的标志。在品牌传达中，通过在不同的设计元素和媒介中应用相同的群化策略，品牌能够建立一个一致的视觉身份，增强品牌识别度。这种一致性是建立品牌信任和认知的关键因素。

群化的基本原则是设计中一组重要的视觉感知规则，它们帮助设计师在版式设计中有效地组织和结构化信息，提升设计的清晰度和吸引力。主要包括以下几个关键原则。

（1）接近性原则。接近性原则是指在视觉上、物理上彼此接近的元素往往被视为一组。这种感知上的群组化发生是因为人们倾向于将空间上接近的对象关联在一起，认为它们具有相关性或共同性。在版式设计中，通过将相关的信息或视觉元素放置得更近，可以帮助读者理解哪些内容是彼此相关的，从而提高信息的组织性和可读性。例如，一个段落中的文字自然形成一个群组，与其他段落区分开来。

（2）相似性原则。视觉上相似的元素（如颜色、形状、大小或方向相似）会被视为一组。这种原则利用了人们的视觉感知习惯，即将具有共同视觉属性的元素视为相关或具有相同的功能。在设计中，相似性可以通过统一的字体风格、颜色方案或图形元素来实现，以群化信息并指示其功能或层次。例如，所有的标题可能使用相同的字体和颜色，以区别于正文。

（3）共同命运原则。共同命运原则指出，当一组元素以相同的方式变化（如移动的方向或行为模式）时，它们会被视为一组。虽然这个原则在动态环境中（如动画或交互设计）更为显著，但也可以通过视觉设计元素的排列和方向来间接应用于静态版式设计中。例如，通过将文本或图像以相同的方向排列，可以创建一种视觉流动，引导读者的视线按照特定的路径移动。

（4）封闭性原则。封闭性原则是指人们倾向于看到完整的形状，即使它们实际上是不完整的。在设计中，可以通过在元素周围创建一个视觉上的封闭空间（如使用边框或背景色）来形成群组。这种封闭的空间可以是实际的线条或形状，也可以是由元素排列产生的视觉暗示。封闭性使得设计更加整洁有序，同时也强化了元素之间的关联性。

（5）连续性原则。连续性原则表明，元素如果在视觉或逻辑上形成一个连续的序列，那么观察者会倾向于以连续的方式来看待它们。在版式设计中，这意味着可以通过排列和对齐元素来引导读者的视线，从而创造出一种流畅的阅读体验。连续性原则帮助设计师创建出流畅的布局，使得不同的设计元素协调一致，为读者提供明确的导航路径。

在实际应用中，这些原则经常被组合使用来创造出既美观又功能性强的设计。

? 思考：
观察图 1-3，思考群化在版式设计中应用的效果。

- 左图看不出四张图片以何种方式组合在一起的。
- 右图很容易就能说出四张图片的关系。

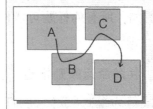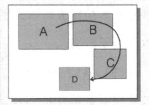

图 1-3　群化的作用

群化在版式设计中的应用是多方面的，它通过将视觉元素以有意义的方式组织起来，增强了版面的可读性、美观性和功能性。

（1）文本布局：包括标题和副标题群化及段落分组。

标题和副标题群化：通过为标题和副标题使用统一的字体、大小和颜色，可以将它们与正文内容区分开来，帮助读者识别文章的结构。

段落分组：通过适当的行间距和段落间距，将相关的文本内容群化在一起，形成清晰的信息块，提升文档的阅读流畅性。

（2）导航元素：菜单项和按钮。

在电子书的界面设计中，通过颜色、形状或布局将导航元素群化，可以帮助用户快速定位并理解导航结构，提高界面的可用性。

（3）图形和图像：包括图表和数据可视化及图片集。

图表和数据可视化：将相关的数据点、图表或图形通过相似的颜色方案、形状或排列方式群化，可以增强数据的可读性和解释力。

图片集：在展示一系列图片时，通过统一的边框、间距或排列方式群化图片，可以创造出视觉上的连贯性和吸引力。

（4）品牌元素：徽标和标识。

在图书品牌设计中，通过将徽标、标语和其他品牌元素以一致的风格和布局群化，可以增强品牌的视觉识别度和一致性。

（5）空间和结构：包括边距和对齐及分栏和网格系统。

边距和对齐：通过对页面上的不同元素应用统一的边距和对齐规则，可以在视觉上群化相关内容，创造出整洁和有序的版面布局。

分栏和网格系统：使用分栏或网格系统来群化内容和设计元素，可以有效地管理复杂的页面布局，确保设计的一致性和协调性。

（6）用户界面（UI）元素（数字出版）：包括表单控件及信息卡片。

表单控件：将相关的表单元素（如文本框、选择框、按钮等）通过布局和视觉样式群化，可以提升表单的清晰度和用户填写的便利性。

信息卡片：在设计信息卡片（如产品卡片、新闻摘要等）时，通过统一的设计模板群化相关信息，可以提高信息的可接受性和吸引用户的注意力。

通过灵活运用群化原则，无论是在传统的印刷媒体还是在数字界面上，设计师都可以创造出既富有吸引力又易于理解的设计。

第四节　避免暧昧

暧昧性指的是信息、指令或视觉元素的不明确性，使得接收者难以准确理解其意图或含义。在版式设计中，暧昧性可能因为设计元素的不清晰表达、不一致的视觉风格、复杂的布局或信息的过度拥挤而产生。当设计含有暧昧性时，信息可能被误读或混淆，特别是当关键信息的表达不明确时，读者需要花费更多的时间和精力去解析信息，这会降低信息获取的速度和效率。读者在试图理解含糊不清的设计元素时，会承受更高的认知负担。这种额外的心理努力可能导致读者感到疲惫，减少他们继续阅读的意愿。如果读者经常在某个出版单位的设计中遇到暧昧性，可能会对其专业性和可信度产生怀疑，进而影响出版单位形象和用户忠诚度。

一、暧昧的版式

❓ **思考：**
观察图 1-4，思考导致暧昧的原因。

图 1-4 暧昧的版式

暧昧性在版式设计中可以源自多种因素，这些因素混合在一起时，可能会显著降低设计的清晰度和有效性。主要有以下几种表现。

（1）视觉元素的分组不明确。

当设计中的视觉元素（如文本块、图片、图标）没有被适当地分组或区分时，会导致读者难以理解哪些元素是彼此相关的。这种不明确的分组会使得版面显得混乱，缺乏逻辑性。读者可能会错过重要信息或花费不必要的时间去解析各个元素之间的关系，降低了信息传递的效率并可能导致误解。

缺乏视觉层次感：明确的分组能够帮助创建清晰的视觉层次，使读者能够轻松地区分主要信息和次要信息。如果一个页面上的元素混杂在一起，没有明显的区分，读者可能难以判断哪些信息是重要的，哪些是辅助的，导致信息的接收效果大打折扣。

阅读流程混乱：在版式设计中，元素的排列顺序和组合方式应该引导读者以特定的顺序阅读信息。不明确的分组可能打乱这种阅读流程，使得读者在页面上的视线跳跃，难以按照设计师的意图理解内容。

信息分组混淆：版式中的视觉元素通常需要按照相关性进行分组，以便传达复杂信息。如果相关的元素未能被有效地分组，或者不相关的元素被错误地分组在一起，读者可能会误解信息的含义，或者无法识别出信息之间的联系。

美学影响：除了信息传达的功能性外，版式设计还承担着美学的责任。不明确的分组会影响页面的整体美感，产生视觉上的混乱，降低设计的整体质量和吸引力。

（2）文本内容的表达不清晰。

字体选择不当：字体的风格、大小等都会影响文本的可读性。过于花哨或复杂的字体可能会让阅读变得困难，尤其是在小字号或长段落文本中。此外，如果字体大小过小，或者在对比度不足的背景上使用，也会大大降低文本的清晰度。

文本排版设置不当：包括行距、字间距、段落间距在内的排版设置，如果处理不当，会导致文本拥挤或过于分散，影响阅读连贯性和舒适度。合适的排版应该能够引导读者顺畅地跟随文本流动，而不是让他们在密集的文字海洋中迷失方向。

信息组织混乱：文本内容的逻辑结构和信息的组织方式也是清晰表达的关键。如果信息没有按照逻辑顺序排列，或者主次信息未能明确区分，会使读者难以把握核心观点和跟踪论述的线索，从而感到困惑和失去兴趣。

语言表达模糊：直接影响文本清晰度的还有语言本身的表达。复杂的句子结构、过度使用的术语或专业词汇，以及模糊不清的表达都会降低文本的可理解性。清晰、准确、简洁的语言是确保信息有效传达的基础。

缺乏视觉提示：在版式设计中，适当的视觉提示（如标题和小标题的使用、关键信息的突出显示、列表和项目符号的应用）可以帮助读者更好地理解和记忆文本内容。缺乏这些视觉元素的有效运用，会使文本内容显得平淡无奇，难以吸引和保持读者的注意力。

（3）图形和图像的多义性。

文化差异：图形和图像的解读很大程度上受到文化背景的影响。不同的文化可能会赋予相同图像不同的含义，使得在一种文化中正面且明确的信息，在另一种文化中可能引起误解或负面感受。因此，设计师在使用具有文化象征意义的图形和图像时需要格外小心。

个人经验：除了文化因素，个人的经验和知识也会影响图像的理解。人们根据自己的经历和认知框架来解读图形和图像，这可能导致同一图像在不同观众之间引发截然不同的反应和理解。

抽象和象征性：图形和图像往往通过抽象和象征手法来表达复杂的

书刊／版式与样式设计

概念和情感。这种表达方式虽然富有创意，但其多义性可能使信息的传递变得不明确，尤其是当象征意义对目标读者群不够直观时。

上下文依赖：图形和图像的意义很大程度上依赖于其所处的上下文。同一图像在不同的文本或视觉环境中可能传达截然不同的信息。如果上下文没有恰当地支持图像的意图，可能会导致读者对信息的误读或混淆。

设计元素的复杂性：在版式设计中，图形和图像的复杂性本身也可能是一个问题。过于复杂或信息量过大的视觉元素可能会分散读者的注意力，使得其难以抓住信息的核心，或者在尝试解读多层次的含义时感到困惑。

（4）不一致的导航。

目录和索引是读者定位书籍内容的主要工具。有效的指引标志（如边栏提示、颜色编码、图标）可以迅速引导读者到达目标信息。如果这些部分的布局、字体大小、编号系统或排版风格在整本书中变化，会使读者难以快速找到所需信息。例如，如果某些章节在目录中用罗马数字标出，而其他章节用阿拉伯数字或字母，这种不一致性会让读者在查找时感到困惑。页眉和页脚通常包含章节标题、页码或其他导航信息，帮助读者确定当前位置。如果页眉页脚在不同章节或页面中呈现不一致（如位置、字体、信息内容变化），会显著降低查找效率，特别是在需要跨章节查阅的情况下。不一致的使用或完全缺失这些视觉提示会使读者难以理解导航逻辑，从而增加查找特定内容的时间和难度。

二、避免暧昧原则

在版式设计中，暧昧性可能导致信息传达不清晰、用户体验下降，甚至误解。通过采用一些实用的技巧和方法，设计师可以有效地避免暧昧性，从而确保信息以清晰、准确的方式传达给用户。这些策略共同作用，帮助设计师在创作过程中维持信息的清晰度和一致性，避免因设计上的疏漏而导致的误解。

（1）有效使用群化和对齐技巧。

使用群化和对齐技巧来组织内容，能够提高版面的逻辑性和可读性。

使用群化原则，通过将相关的视觉元素放在一起，可以帮助用户理解信息之间的关系。例如，使用框架或背景色将相关的文字和图像群组在一起，可以清晰地划分信息块，增强内容的组织结构。

选择恰当的对齐方式（统一的对齐方式，如左对齐、右对齐或居中对齐）可以提高版面的整齐度和专业感。对齐方式还可以用来强调信息的层次结构，例如，通过将标题左对齐和正文文本缩进对齐，明确区分不同级别的文本内容。

（2）设计清晰直观的导航。

设计清晰直观的导航系统，能够帮助用户快速找到所需信息。

一致的导航元素能够确保所有导航元素（如目录、页眉页脚、导航栏）在整个文档或网站中保持一致的设计风格和布局位置，使用户能够快速学会并熟悉导航方式。

使用明显的视觉提示，如颜色高亮、图标或箭头，来指示可以进行操作的元素或当前位置，减少用户的猜测和搜索时间。

（3）设置适当的间距。

使用适当的间距来区分不同的元素和信息块，避免视觉混乱。

在元素之间（如标题与正文、段落之间、图像与文本之间）应用适当的间距，既可以避免视觉上的拥挤，又可以强调信息之间的关系。适当的间距增加了版面的清晰度和可读性。

有效利用白空间（未被文字或图像占据的部分），可以帮助减少视觉疲劳，引导读者的注意力，以及增强设计的整体感觉。

（4）通过反馈和测试避免设计中的暧昧性。

通过用户反馈和测试可以有效识别并解决设计中的暧昧性。

用户反馈：通过问卷调查、访谈或用户评论收集用户反馈，了解用户在使用过程中遇到的困惑和问题。这些反馈是识别和解决设计暧昧性的宝贵资源。

可用性测试：进行可用性测试，邀请目标用户在实际条件下使用设计产品，并观察他们的使用行为。通过测试可以发现设计中未预料到的问题和用户的真实需求，进一步优化设计，这在电子出版物中尤其重要。

迭代设计：设计是一个不断迭代的过程。根据用户反馈和测试结果不断调整和优化设计，以确保信息传递的清晰度和用户体验的持续提升。

第五节　整理流向

"整理流向"在书刊版式设计中扮演着极为重要的角色。这一理论关注的是如何通过精心设计的版面布局来引导读者的视觉流动，以优化阅读体验和提高信息传递的效率。它的实施基于对人类视觉感知能力和阅读习惯的深刻理解，通过运用视觉引导原则和设计阅读路径来实现信息的有效传达。

流向对阅读体验的影响是深远的，它不仅影响了读者对信息的接收速度，也极大地影响了读者对阅读材料的总体感受和理解。在书刊版式设计中，恰当的流向可以使阅读变得更加自然，而不良的流向则可能导致阅读体验受挫，降低信息的传递效率。良好的流向可以有效地引导读者的视线从一个元素转移到另一个元素，按照设计师预定的路径进行阅读。这种流畅的视觉引导减少了读者寻找下一点阅读内容的时间，提高了阅读效率。通过调整文字、图像和空间的布局，设计师可以创建清晰的信息层次，使重要的信息更加突出。良好的流向设计考虑到了阅读的舒适度，包括文字大小、行距、字距以及段落布局等因素，这些都是为了减少视觉疲劳，使阅读过程更加轻松愉快。流向设计通过逻辑性强的布局顺序，帮助读者更好地理解和记忆信息。当信息以一种易于遵循的方式呈现时，读者可以更容易地构建知识框架和记忆链接。不同的读者可能有不同的阅读风格和偏好，有效的流向设计能够适应这些差异，提供多种阅读路径，满足不同类型的读者需求。

尽管整理流向理论在理论上看起来完美无缺，但在实践中，设计师可能会遇到各种挑战，在有限的空间内呈现大量信息时，如何保持内容的清晰和易读性成为一大挑战。过多的文字、图像和装饰元素可能会干扰阅读流程，导致读者分心或失去兴趣。缺乏清晰的视觉引导和阅读路径会使版面显得混乱，使读者难以识别阅读的起点和终点，或者难以理解信息的层级和重要性。设计师的个人偏好和风格可能会影响版式设计，有时可能会与目标读者群的阅读习惯和偏好不一致。

整理流向的成功实施要求设计师不仅要有创造性和审美能力，还需要对目标读者的阅读习惯和偏好有深刻的理解。通过不断实践和测试，找到平衡信息密度和清晰度的最佳方案。

❓ 思考：
观察图1-5和图1-6，
思考如何设计出高效
且富有美感的流向？

图1-5 没有规划流向的版式

图1-6 规划流向的版式

整理流向理论依赖于几个关键的视觉引导原则，包括对比、对齐、重复和亲密性（也称为 C. A. R. P. 原则）。这些原则帮助设计师创建出既美观又功能性强的版面布局，能够自然引导读者的视线从一个元素流动到另一个元素，从而形成一个连贯和有逻辑的阅读路径。

无论是在纸质书刊还是电子书刊的版式设计中，理解不同的视觉流动模式对于创建有效的布局至关重要。这些模式指导设计师如何安排内容，以便与读者的自然阅读习惯相匹配，提高信息的吸收效率。

Z 形和 F 形阅读模式是两种最常讨论的视觉流动模式，每种模式都有其独特的特点和适用场景。Z 形布局是指读者的视线在页面上按照"Z"字形移动。这种模式从页面的左上角开始，水平向右移动到右上角，然后对角线下移到左下角，最后再水平向右移动到右下角。这种流动模式适用于较少内容和较为简洁的布局。在需要快速吸引读者注意并传达关键信息的场合，Z 形布局可以有效地引导读者注意到关键元素。F 形布局基于读者的视线先是在页面顶部从左到右进行扫描，然后向下移动一段距离，再次从左到右进行较短的扫描，接着是沿着页面左侧的垂直移动。这种模式反映了读者在面对大量文本内容时的自然阅读习惯。Z 形布局帮助设计师安排重要的信息位于读者视线自然扫描的区域，如标题、子标题和列表项。在需要呈现大量信息和细节的文档中，F 形布局促进了深度阅读和信息检索。

选择 Z 形、F 形阅读模式或者其他任何视觉流动模式时，设计师需要考虑内容的性质、设计的目标以及预期的用户行为。Z 形更适合视觉导向的布局，强调图像和关键信息点的展示，适合于引导用户在较短时间内做出反应的场合。而 F 形则更适用于文本密集型的页面，支持用户进行深度阅读和信息搜索。无论选择哪种模式，关键在于如何有效地引导用户的视线流动，确保信息以一种易于消化和理解的方式被传达。设计师应该运用这些模式作为指导原则，同时灵活调整以适应具体内容和读者需求。

设计师可以从以下三个方面着手，将整理流向理论应用到版式设计中。

（1）内容组织：有效的内容组织是支持整理流向的基础。这包括信息的分组和层次结构的建立，确保读者能够以逻辑和直观的方式接收信息。将相关信息分组在一起，可以帮助读者快速找到他们感兴趣的内容。例如，在一个章节内部，相关的段落和图表应该被组织在一起，以支持主题的统一性和连贯性。通过明确的标题、子标题和标记，建立清晰的层次结构，使读者能够轻松识别每个部分的重要性和相互之间的关系。使用不同大小和样式的字体来区分标题级别，可以引导读者的注意力，并帮助他们建立信息框架。

（2）视觉元素的运用：视觉元素（如大小、颜色、形状）的有意选择和排列，是引导视觉流动的有效手段。更大的元素自然会吸引更多的注意力。在设计时，可以通过放大关键信息或图像，引导读者的视觉焦点。颜色不仅可以增强版式的美感，还可以用来区分不同类型的信息或高亮重要内容。选择对比鲜明的颜色可以引起注意，而和谐的颜色组合则有助于保持读者的兴趣。形状和图标可以用来标示不同种类的信息或指示阅读方向。例如，箭头和线条可以引导读者的视线流动，图标可以用来表示特定的主题或功能。

（3）交互元素的设计：在数字书刊版式设计中，交互元素的设计成为了影响整理流向和用户体验的重要因素。在数字书刊中，超链接和按钮可以引导读者访问更多相关信息或执行特定动作。合理的布局和设计可以促进阅读的连贯性，避免打断阅读流程。目录、搜索栏和侧边栏等导航工具，允许读者自由地在不同章节或内容之间跳转，提高了信息的可访问性和阅读的灵活性。互动元素如动画图表、视频和音频，可以提供更丰富的信息体验。设计时需要考虑如何将这些元素融入整体流向中，以增强而非分散读者的注意力。

整理流向的设计要求设计师不仅要考虑版式的美观性，还要关注其功能性和效率，特别是在内容组织、视觉元素的运用以及交互元素的设计方面。通过综合考虑这些因素，设计师可以创造出既吸引人又易于阅读的图书版式，从而优化用户的阅读体验。

第六节　抑制四角

在书刊版式设计中，"抑制四角"指的是在版式设计中故意减少页面四角的视觉重点，以引导读者的视线向页面中心或重要信息移动，该策略基于视觉艺术中的"黄金分割"原理和阅读路径研究。抑制四角的策略主要基于两个核心目的：优化视觉焦点和提升阅读舒适度。这种设计方法通过减少页面四角的视觉元素密度，引导读者的视线向中心或其他重要内容移动，从而创造出更加平衡和谐的视觉体验。

人类的视觉注意力倾向于被页面上的显著元素所吸引。如果四角被过分强调（例如，通过明亮的颜色、大型图像或密集的文本），可能会导致视觉焦点分散，从而分散了对页面中心或其他重要信息的关注。通过抑制四角，设计师可以更有效地控制视觉焦点，引导读者注意到关键信息。在版面设计中，信息层次是关键的。抑制四角有助于强调页面中心或特定区域的信息，通过视觉引导技术（如对比度、大小和颜色的

书刊／版式与样式设计

运用），突出显示最重要的信息或内容，从而使整体设计更加有序和清晰。过多的元素或强烈的视觉刺激会导致视觉干扰，使读者难以集中注意力在阅读内容上。抑制四角可以减少页面边缘的干扰，使得阅读过程更加流畅，从而提高阅读舒适度和效率。阅读习惯通常遵循特定的模式，例如在西方文化中，人们习惯于从左到右、从上到下阅读。抑制四角可以通过避免在阅读路径的起始和结束点放置过多视觉元素，来配合这种阅读习惯，促进自然的视觉流动，提升整体的阅读体验。

在数字书刊设计中，抑制四角还意味着更好的适应性和灵活性。随着阅读设备的多样化，从小屏幕的手机到大屏幕的平板电脑，一个经过精心设计的版面能够在不同尺寸和分辨率的屏幕上保持良好的阅读体验。

图1-7 抑制四角以突出主体

? 思考：

观察图 1-7，如何通过版面设计实现抑制四角？

抑制四角不仅能优化视觉焦点，突出重要信息，还能提升阅读舒适度，减少视觉干扰。这一策略强调了版式设计中视觉平衡的重要性，同时体现了设计师对读者阅读体验的深入理解和关注。

下面是一些实现抑制四角效果的方法。

（1）平衡视觉元素的分布。

通过在页面上恰当地分布视觉元素（如文本、图片、图标等），设计师可以有效地引导读者的注意力到关键信息上，而不是让视线在页面四周徘徊，这种方法有助于提高信息的传达效率。主要有以下几种途径。

采用对称布局：通过在页面的上下或左右对称地分配视觉元素，可以创造出一种平衡和谐的感觉。这种布局有助于减少对页面四角的过度关注，使读者的视线更自然地在整个页面中移动。

采用近似对称布局：如果完全对称不适用于某些设计，可以采用近似对称，即在保持总体平衡的同时，允许一定程度的变化。这种布局既能保持视觉的兴趣，又不会牺牲整体的和谐感。

平衡大小分布：通过调整页面上各个元素的大小，确保没有任何一个角落显得过于沉重或拥挤。较大的元素应该更靠近页面的中心或是视线自然开始的地方。

分散视觉重量：视觉重量指的是元素在视觉上的"重要性"或"吸引力"。通过分散视觉重量，确保页面四角不会因为包含过于显眼的元素而变得过于突出。

颜色运用：通过在页面中心或其他重点区域使用更鲜艳或对比度更高的颜色，可以吸引读者的视线，自然地从四角移开。

选用恰当的纹理和图案：适当的纹理和图案可以增加页面的视觉深度，引导视线流动。在四角使用较为简单的纹理，而在重点区域使用更复杂或显眼的设计。

利用线条引导视线：线条是强大的视觉引导工具，可以用来引导读者的视线从页面的一部分流向另一部分。通过从四角延伸出的线条，可以引导视线向内移动。

以形状作为视觉引导：形状可以用来包围或框住重要信息，同时避免在页面的四角放置过多的形状，以防止视线停留在这些区域。

（2）恰当使用边距和留白。

在书刊版式设计中，使用边距和留白策略是实现抑制四角效果的手段之一。边距和留白不仅是版式中的空白区域，它们在调节页面元素之间的关系、增强可读性和视觉吸引力方面扮演着至关重要的角色。边距是指页面边缘到版面内容的空间。正确的边距设置可以防止内容过于靠近页面边缘，避免造成压抑感，同时也为抑制四角提供了物理空间。留白也称为空白空间，不仅限于边距，还包括元素之间的空间。留白用于分隔或组织版面中的内容，可增加版面的清晰度和层次感。

边距与留白的使用主要有以下几种方式。

增加边距以抑制四角：通过在页面的四角区域增加边距，可以有效减少这些区域对读者视线的吸引力。较大的边距将读者的注意力自然引向页面的中心或重要内容区域，从而实现抑制四角的目的。

采用动态边距：不必在四周使用均等的边距。根据内容的重要性和版面的整体布局，可以灵活调整边距大小，以支持内容的视觉流动和重点突出。

采用层次性留白：通过变化不同元素间留白的大小，可以增加版面的层次感和深度，同时避免四角变得过于突出或分散注意力。

采用对称与非对称留白：对称留白可以创造出稳定、和谐的视觉效果，而非对称留白则可以增加版面的动态感和视觉兴趣。根据内容的需要和设计的目标，灵活运用这两种留白策略。

（3）引导视线的技巧。

通过有意识地使用线条、色块和图像，设计师可以有效控制读者的视线流动，从而实现抑制四角的目的。这些元素如果被巧妙地运用，能够促进视觉的平衡和焦点的集中，提升整体的阅读体验。

使用线条引导视线：线条是引导视线非常直接的工具，可以明确指示阅读方向或将注意力引导到特定的内容上。斜线或曲线比直线更具动感，可以创造视觉流动，引导视线从页面的一部分平滑过渡到另一部分。在版面设计中，可以利用这些线条将视线从四角引向页面的中心或其他重要信息点。使用线条框架出版面的中心或重点内容区域，可以帮助聚焦视线，同时减少对页面四角的注意。

使用色块作为视觉引导：色块可以作为强烈的视觉引导元素，通过颜色的对比和布局来吸引或分散注意力。在版面的特定区域使用对比鲜明的色块，可以快速吸引读者的视线，特别是当这些色块位于页面的中央或重要信息附近时，可以有效地抑制四角。渐变色块可以创造出视觉上的深度和流动感，如果从四角向中心渐变，可以在视觉上引导视线向内移动，减少四角的视觉焦点。

使用图像作为视觉引导：图像是传达信息和吸引注意力的强大工具，通过图像的策略性布局，可以有效地引导视线流动。将主要图像或视觉焦点设置在页面的中央或核心信息区域，可以自然地吸引读者的注意力，避免视线过度分散到页面四角。使用一系列图像创建视觉流动，可以引导读者的视线按照特定的路径移动，如排列方式、图像大小的渐变，或者图像中的视线指向，这种方法特别适合于展示流程、故事序列或相关联的信息点。

在实际应用中，线条、色块和图像往往被结合使用，以达到更强的视觉引导效果。这种设计不仅有助于抑制四角的视觉重要性，还能优化阅读路径，提升信息传递的效率和阅读体验。

第七节　利用版心线

版心线是版式设计中的一个重要概念，用于确保页面上的文本、图像和其他元素能够以一种视觉上平衡和谐的方式被呈现。它不仅仅是一条实际的线，更多的是一种设计指导思想，使得页面内容能够围绕这一中心线进行布局。版心线的使用可以增强版面的结构感，使得整体设计更为精练和集中，如图 1-8 所示。

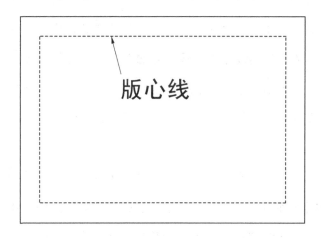

图 1-8　版心线

版心线的应用跨越了历史，从古籍到现代图书都可以感受到其影响。在古籍中，版心线的概念非常明显。古籍的排版尤其讲究版心的布局，如中国古代的经典书籍、诗歌卷轴等，都是围绕版心线设计的，以达到一种平衡和美感。这种排版方法强调对称和中心性，反映了古人对和谐美的追求。

在现代书刊设计中，版心线的概念依然十分重要。设计师利用版心线来安排标题、段落、图像等元素，以确保版面的平衡和视觉吸引力。现代设计中，版心线的应用更加灵活和多样，不仅限于对称布局，还包括非对称布局，通过对比、重复、对齐等设计原则来创造视觉兴趣和节奏感。

版心线概念在教科书、文学作品和艺术及摄影集中起着较为重要的作用。在教科书设计中，版心线的使用主要旨在帮助分隔信息，使得内容易于学习和复习。教科书通常包含大量的信息，包括文本、图表、注释和边栏信息等，版心线在这里起到将这些元素有效组织起来的作用。通过沿版心线对信息进行分组和分隔，设计者可以创建清晰的阅读路径，帮助学生区分主要内容和辅助信息，促进信息的层次感。例如，版心线可以用来区分主文本区和边注或高亮框，或者在页面中心附近安排图表和插图，以便学生在阅读时能够轻松地从文本转向相关的视觉材料。这种布局方式不仅有助于保持学生的注意力，还方便他们在复习时快速定位到重点信息。

在小说和诗歌等文学作品的设计中，版心线的运用更多的是为了增强文本的视觉效果和阅读体验。版心线可以帮助设计者在页面上创造出一种节奏感和视觉层次，从而与文学作品的情感和风格相呼应。在小说中，版心线可以通过调整段落间距、行距和边距来优化阅读体验。这种布局使得页面既不显得过于拥挤，也不太空旷，为读者提供一种舒适的阅读节奏。版心线的恰当应用还可以帮助突出对话或重要段落，增强故事的表现力。诗歌布局中版心线的应用则更加灵活多变，设计者可能通过版心线来创造出与诗歌内容相匹配的形式，如通过调整诗行的对齐方式、行间距或插入空白页来反映诗歌的节奏和空间感，增强读者的感受。

诗歌布局中版心线的应用则更加灵活多变，设计者可能通过版心线来创造出与诗歌内容相匹配的形式，如通过调整诗行的对齐方式、行间距或插入空白页来反映诗歌的节奏和空间感，增强读者的感受。

现代技术，特别是数字排版和设计软件的发展，已经极大地简化和扩展了版心线在书刊设计中的应用过程。这些技术不仅提高了设计的效率和准确性，还开启了个性化和动态版心线设计的新可能。数字排版和设计软件，如 Adobe InDesign、QuarkXPress 及开源软件 Scribus 等，提供了一系列强大的工具和功能。这些软件内置了版心线和网格系统的自动创建工具，允许设计师快速设定版心线的位置、数量和间距，从而简化了页面布局的初始步骤。设计软件允许设计师以非常细致和灵活的方式调整版心线，包括其粗细、颜色以及是否可见，以适应不同的设计需求。通过使用模板和预设样式，设计师可以轻松应用一致的版心线和布局标准到整个书刊项目中，确保了设计的一致性和专业性。设计软件提供的实时预览功能使设计师能够即时看到版心线调整的效果，从而进行更加精确和有意义的设计决策。总的来说，现代技术不仅简化了版心线的设计过程，提高了设计的效率和准确性，还开辟了个性化和动态版心线设计的新领域，使得书刊设计更加丰富和多元化。通过这些技术，设计师能够更好地满足不同读者的需求，创造出更加吸引人和易于阅读的书刊。

❓ 思考：

观察图 1-9，思考如
何利用版心线提高出
版物的可读性和审美
价值？

图 1-9　版心线的作用

利用版心线可以有效提高出版物的可读性和审美价值，以下是设计中常运用的几个策略。

（1）利用版心线确定页面的比例和尺寸。

版心线的使用可以帮助设计师确定页面布局的最佳比例和尺寸，进而影响到整个出版物的视觉效果和可读性。

首先，可以确定版心和边距：版心线首先用于确定版心的位置，即页面中用于放置内容的区域，以及周围的边距。通过调整版心线和边距的比例，设计师可以控制页面的空间分布，确保内容有足够的"呼吸空间"，避免拥挤或过于分散。

其次，可以辅助选择版面比例：版心线还可以帮助设计师选择适合特定出版物的版面比例。常见的比例如 4∶3、16∶9 或更传统的 2∶3 等，每种比例都有其视觉效果和用途。设计师可以根据内容的性质和阅读习惯来选择最合适的比例。

最后，可以辅助模块化设计：利用版心线和网格系统，设计师可以将页面划分为多个模块或区域，每个模块可以用来放置不同类型的内容（如文本、图像或图表）。这种模块化的设计不仅有助于保持内容的组织性和一致性，还可以提高页面的可读性和美观度。

（2）利用版心线确定对齐方式与布局。

版心线对于各种元素的对齐与布局的调整有很好的辅助作用。

文本对齐：版心线对于文本的对齐有着重要影响。通过沿版心线对齐文本，设计师可以创建出清晰、有序的文本布局，使阅读过程更加流畅。无论是左对齐、右对齐、居中对齐还是两端对齐，版心线都提供了一个参考点，帮助设计师确保文本块之间的一致性和平衡。

图片和其他元素的对齐：版心线同样适用于图片和其他设计元素的对齐。通过将这些元素与版心线或页面上的其他文本元素对齐，可以创造出一种视觉上的连贯性和和谐感。这种对齐方式有助于引导读者的视线，使得整个页面的布局显得更加整洁和专业。

边距和空白的处理：版心线还影响到页面边距和空白区域的处理。合理的边距和空白不仅可以增强页面的可读性，还可以提升整体的美观度。利用版心线确保边距的一致性和适当的空白分布，可以使页面布局更加舒适和吸引人。

适应不同内容的布局：在多栏布局中，版心线是确定栏间距和对齐方式的重要工具。设计师可以利用版心线将页面划分为多个栏目，同时确保这些栏目之间的距离和对齐方式符合设计的整体美学和功能需求。通过精确的版心线布局，可以达到视觉上的平衡和内容上的清晰分隔，增强了出版物的整体审美价值，使读者在阅读时能够享受到更加舒适和愉悦的体验。

虽然传统的版心线布局原则为书刊设计提供了一个坚实的基础，确保了页面的可读性和视觉平衡，但这并不意味着设计师应该局限于这些规则之内。事实上，跳出常规探索新颖的版心线布局方式，不仅能够丰富设计师自身的设计语言，还能为读者带来新鲜的视觉体验。

非对称布局：打破传统对称的版心线布局，尝试非对称设计，可以为页面带来动态感和视觉张力。非对称布局通过不平等地分配视觉重量，创造出吸引眼球的焦点，给读者留下深刻的印象。

动态版心线：在页面设计中引入变化的版心线，如曲线或波浪形，这种方法可以为图书添加独特的风格，尤其适合儿童图书或艺术图集，能够激发读者的想象力。

层次分明的布局：通过调整版心线的位置来创造层次，例如，将文字和图片分布在不同的版心线上，可以增加页面的深度和复杂性，为读者提供更丰富的阅读体验。

在众多出版物中，那些具有独特版式设计的书籍更容易被记住。通过创新的版心线布局，设计师可以为作品赋予独一无二的身份标识。创新的版式设计能够激发读者的好奇心，提供不同于传统阅读路径的体验，从而增强读者与书籍的互动和记忆。每一次成功的创新尝试都有可能成为新的设计趋势，推动整个设计界的进步和发展。总之，实验与创新是推动书刊设计发展的重要动力。设计师通过不断探索和实践，不仅能够提升自己的设计能力，还能为出版界带来新的视觉语言和体验。

第二章

样式

在书刊版式设计中，无论是纸质书还是电子书，"样式"这一概念都扮演着至关重要的角色。"样式"在书刊版式设计中是一个多维度的概念，它不仅关乎书籍的外观，也关系着读者的阅读体验和内容的呈现方式。这个概念的应用跨越了视觉艺术、技术执行、用户体验和内容策略等多个层面。

出版物样式，通常指的是在编辑和设计书籍、杂志、报纸、学术文章等出版物时所遵循的一套标准和准则。这些准则涉及语言使用、格式、排版、引用和图像表现等方面，旨在确保出版物在视觉和内容上的一致性、专业性和易读性。

版式设计的样式是一个多样化的、灵活的概念，它可以根据不同的项目需求、目标受众及媒体类型进行调整和变化。这种多样性不仅为设计师提供了广阔的创意空间，使他们能够通过不同的设计手法和元素来传达特定的信息与情感，而且还能够增强信息的吸引力和可读性。无论是在纸质和电子图书中，还是社交媒体广告中，合适的版式设计都能够促进信息的有效传达，吸引目标观众的注意力，并最终实现沟通的目的。

样式关乎书刊的美观度、可读性及内容的高效传达。

（1）在书刊设计中，样式的选择不仅关乎美学，更是信息传递和情感沟通的关键。正确的设计样式能够确保信息以恰当的形式和情感色彩呈现给读者，从而影响他们的理解和感受。设计样式的选取应基于作品的主题、内容性质及目标读者群体的偏好和期望，确保视觉元素与信息内容协调。良好的样式通过恰当的字体选择、行距调整和段落间距设计，可显著提升文本的可读性，减少读者的阅读疲劳。同时，一个吸引人的版式借助独特的样式、图像和颜色搭配，能够使书刊在众多选项中脱颖而出。此外，版式样式的选择能够传达书刊的主题和情绪，如经典的字体和装饰元素可反映历史书刊的传统性，而实验性和前卫的设计风格则适合现代艺术主题。有效的版式设计还通过区分文本的不同部分（如标题、副标题、引用等），促进对内容的理解和记忆，提升读者的整体阅读体验。对于出版单位或书刊品牌而言，一致的设计样式不仅能增强品牌识别度，也有助于建立专业形象。

以如下情景为例，图 2-1 与图 2-2 两件设计作品虽然都很美观，但因样式选择不同，传递的信息和唤起的情感反响就不同。图 2-1 为专业严谨的设计风格，使用大量图表，直观地向读者传递丰富的数据，有利于提高阅读者的阅读效率，适合需要传达理性、专业或冷静感觉的内容，如学术内容、商业报告或科技介绍，因为这些内容的读者期待的是权威性、精确性和严谨性。图 2-2 为轻松活泼的设计风格，使用明亮的色彩、动感的图形和非正式的字体，传达出乐观、年轻和充满活力的氛围，适用于时尚、娱乐等内容，适合强调个性表达和情感共鸣的领域。

图 2-1　版式设计中的严肃样式

❓ 思考：
观察图 2-1 和图 2-2,
思考样式在版式设计中
的作用。

图 2-2　版式设计中的活泼样式

第二章／样式

（2）在数字化时代，信息需要在多种平台上进行传播，内容的适应性至关重要。样式设计的适应性确保了信息在不同的设备和阅读环境中都能保持清晰和一致，不受阅读媒介的限制，使信息传递更加高效。

适应式设计是指设计能够根据不同的屏幕尺寸和分辨率自动调整布局和元素大小，确保信息的有效传达，确保读者获得良好的阅读体验，这对于网站和电子书尤为重要，因为它们需要在各种设备上（如智能手机、平板电脑和电脑）呈现一致的内容。设计师需要通过灵活的网格系统、可伸缩的图像和媒体查询等技术，创建出既美观又能在任何设备上都能保持内容一致并易读的设计。这种一致性有助于提高读者的信任感和满意度。

为了实现这一点，设计师需要在创作初期就考虑到不同平台的特点和限制，制定出一套可在多种媒介上通用的设计标准使内容可以根据阅读环境的不同进行优化。

在所有这些设计中，读者体验始终是考虑的核心。适应性设计的目的是确保读者无论通过何种方式接触信息，都能获得满意和愉悦的阅读体验。这包括加载速度的优化、交互元素的智能布局，以及确保无障碍访问等。设计师需要不断地从读者反馈和数据分析中学习，优化设计以满足读者的实际需要和偏好。

版式设计的适应性和灵活性是信息高效传播的关键，设计师需要通过实现设计的响应性、保持跨平台的一致性、优化内容的适应性，以及始终关注读者体验，才可以确保信息在多种平台和设备上的清晰、一致与有效传达，从而达到与读者建立持久连接的目的。

总之，书刊设计中样式的选择是一个复杂而细致的过程，它要求设计师深入理解内容的核心信息、情感基调及目标读者的特性和需求。通过精心选择和应用设计样式，有效地引导读者的情感和认知，从而达到既定的沟通目标。这不仅是一种美学上的追求，更是一种策略上的考量。

第一节　视觉度

出版物的视觉度，是指书籍、杂志、报纸等出版物在视觉上吸引目标读者的能力。这个概念强调通过审美和设计手段来提高出版物的吸引力，促进读者的阅读兴趣和参与度。视觉度是设计领域中的一个关键概念，它在创造各种媒体内容、布局和界面时发挥着至关重要的作用。在数字时代，视觉度尤为重要，因为人们在互联网上接触到的信息量巨大，需要以快速而有效的方式消化信息，这就意味着他们对于吸引力、易读性和信息传达的期望也越来越高。在这一背景下，视觉度成了设计师用以引导观众的目光、突出重要信息，并创造具有影响力的视觉体验的重要工具。

视觉度不仅仅涉及外观，还涉及如何有效地组织和呈现各种视觉元素，以使读者可以轻松理解所传达的内容、受到吸引并与内容产生互动。这里的视觉元素包括文本、图像、颜色、形状、布局和排列方式等。

视觉度在版式设计中可以起到四方面的作用。

第一，视觉度有助于建立信息的层次结构。在书刊设计中，为了突出某些元素，可以通过调整字体大小、颜色鲜艳度、对比度和排列方式等，突出显示关键信息，使读者可以快速识别和理解。

第二，视觉度可以引导读者的目光。设计师可以使用各种视觉技巧，如箭头、线条、色彩和对比度来创建视觉路径，引导读者按照设计的意图浏览内容。这有助于确保信息以一种有序的方式呈现，减少混乱和分散注意力的可能性。

第三，视觉度可以增强信息的可读性和吸引力。通过合理的字体选择、行距设置和段落间距调整，可以使文本更易于阅读。同时，使用引人注目的图片、图表和图形，可以增强内容的可视性和吸引力。

第四，视觉度可以传达情感和品牌形象。不同的颜色、字体和设计元素会激发不同的情感反应，有助于在设计中表达品牌的个性和价值观。还可以通过风格一致性来加强品牌的可识别性。

无论是在虚构类还是非虚构类书刊中，视觉度的优化都有助于实现更好的信息传达、更吸引人的设计和更具品牌标识性的视觉体验。

视觉度的优化很大程度上通过图片和表格的设计实现。图片和表格在版面设计中的作用不可忽视，它们通常比文字更能吸引人的注意力，因为图片的视觉度往往高于文字，它们不仅是深刻影响阅读体验和信息传递效率的重要因素，还是版面中的装饰元素。

一、图文的比例对视觉度的影响

图片和表格能够跨越语言和文化的障碍，直接与观众在情感和认知层面建立联系。这种直接的视觉沟通方式，使得图片和表格成为一种强有力的工具，用于吸引和保持读者的注意力，以及加强和补充文本信息。

图2-3　名片版式（1）

图2-4　名片版式（2）

❓ 思考:

观察图2-3和图2-4，思考哪种版式更吸引人?

思考：

观察图2-5和图2-6，思考哪种版式更吸引人？

图 2-5　期刊版式（1）

图 2-6　期刊版式（2）

（1）图片和表格能够增强版面的吸引力和读者的阅读兴趣。精美的图片和表格可以提供比文字更丰富的信息维度和感官体验，使阅读不仅限于文字解读，而是成为一次多感官的探索之旅，增加阅读的趣味性和互动性。精美的图片和表格为文本带来美学价值，使页面布局更加生动、有趣。人们天生对美丽的事物感兴趣，高质量的视觉元素能够快速吸引读者的注意力，从而提高他们对文本内容的好奇心和兴趣。在图片和表格设计中值得深入探讨的元素有多种，色彩为其中之一。色彩不仅能美化页面，还能影响人的情绪和行为。合理运用色彩心理学原理，设计师可以通过图片和表格中的色彩搭配激发读者的情感反应，从而增加文本的吸引力。

（2）图片和表格可以为读者提供一个视觉上的休息。阅读长文字时出现的疲劳，通常被称为阅读疲劳或视觉疲劳，这是一个普遍存在的问题，特别是在长时间集中注意力阅读书籍、报告或电子设备屏幕时。这种疲劳不仅涉及视觉上的不适，还包括心理上的压力和身体上的紧张。在长篇的文本中插入图片或表格可以为读者提供必要的视觉暂停，这种视觉上的"呼吸空间"有助于减少眼睛疲劳。

（3）图片和表格在传递信息和情感方面的效率远高于文字。图片和表格能够有效传达特定的情感和氛围，与读者产生情感共鸣。无论是激励人心的景象、温馨的瞬间还是令人震撼的数据，都能强化读者的情感体验，使阅读过程充满感情色彩。图像与文字信息的结合还有助于提高记忆保留率，因为人脑更容易记住视觉信息。在书刊设计中，设计师可以利用这一点，通过插图、照片、表格等视觉元素来辅助或强化文本的信息，使读者能够更快地理解和吸收内容。图片和表格可以作为复杂概念或数据的视觉表达，因为人类大脑处理视觉信息的速度比处理文字的速度要快得多，图片和表格可以帮助读者更快、更直观地理解和记忆信息，减轻认知负担，这一点在新闻类图书、期刊和报纸中尤为显著。

（4）图片和表格的合理使用还能提升版面的整体美感和专业度。通过合理的布局和设计，图片可以和文字协调一致，形成统一而吸引人的视觉风格。这不仅提升了书刊的审美价值，也反映了内容的专业度，如表1-1所示。

表1-1 视觉度与图书类型的关系

图书类型	视觉度	视觉度分析	阅读感受
严肃文学 （小说、诗集等）	低	视觉度太高会破坏严肃性	严肃 ↕
趣味图书 （时尚杂志、儿童读物等）	高	视觉度高可以增加阅读兴趣	活泼

图片在书刊设计中不仅为设计师打开了创意的大门，而且提供了无限的表现可能。不同类型的图片，如插画、摄影作品、图形设计，以各自独特的风格和情感赋予书刊独一无二的生命力和个性。插画凭借其想象力丰富的艺术性，能够创建从梦幻到现实的各种场景，适合儿童书刊和科幻小说等主题。摄影作品则以其逼真的细节和强烈的现实感，为非虚构作品和历史书籍提供真实的视觉支持，同时也能通过艺术化处理增添情感深度。图形设计通过符号和形状构建简洁有力的视觉语言，适合需要清晰传达信息的书刊。设计师还能通过色彩调整、构图和视觉隐喻等处理技术，进一步定制独特的视觉体验，影响读者的情绪反应，引导视线流动，以及隐喻地表达复杂的主题和概念。这样的策略使得书刊设计不仅满足了特定主题的需求和目标读者群体的偏好，还极大地提升了书刊的吸引力和阅读体验，展现了设计师在创造每本书刊时的广泛选择空间和创意自由。

因此，在版面设计中增添图片或表格是提高视觉度的有效策略，对图片和表格的精心选择和布局是提升作品质量和读者体验的关键步骤。

二、图片视觉度的强弱

❓ 思考：
观察图 2-7，思考图片视觉度强弱对读者的不同影响。

图 2-7　图片视觉度的强弱

　　根据视觉度的强弱，图片可分为两类：写实型、抽象型。在图片同等大小的情况下，抽象图片的视觉度强于写实图片，抽象图片通常更容易被观众理解和记忆。

　　图片视觉度的强弱与人类感知和认知的方式有关。人类大脑在处理信息时有趋向于简化和归纳的倾向。这意味着我们更容易理解和处理简单、抽象的形状及图案，因为它们不需要我们花费太多认知资源来理解。这与平面设计的核心原则之一——简洁性相关联，即通过简单而明确的设计元素来传达信息和引发情感。抽象图片通过简化的形状、色彩和线条，能够直接触及观众的情感，传达作者的情感状态或意图。这种直接性使得抽象艺术能够跨越具体事物的表象，直接与观众的内心世界建立联系。抽象图片不依赖现实世界的具体描绘，为观众提供了广泛的解读空间。每个人根据自己的经验、情感状态和个人背景有着独特的理解及感受。这种开放性鼓励读者主动参与对艺术作品的解

第二章／样式

061

读，使得每一次阅读体验都是独一无二的。许多品牌标志使用简单的抽象形状或符号作为标识，正因为它们更容易被公众识别并与特定品牌关联。

与抽象图片相比，写实图片通常包含更多的信息，虽然在视觉上更具吸引力，提供了丰富的视觉体验，但同时也对观众的认知处理提出了更高的要求。写实图片具有精细的纹理、丰富的色彩及复杂的光影效果，精确地再现了观察对象的真实外观。其丰富的细节传达了大量信息，包括场景的深度、对象的质感、环境的氛围等多个维度。这种复杂的细节要求观众的大脑进行更复杂的视觉处理，以识别和解释图片中的各个元素及其相互之间的关系。更独特的是，丰富的细节和现实性，能够在观众中唤起更具体的记忆和情感反应。这种情感连接虽然增加了图片的吸引力，但同时也要求观众进行更多的认知加工来解析这些情感和记忆。

当然，写实照片的优势也是显而易见的，在新闻类期刊和报纸中，写实图片有着不可替代的功能。写实照片是一种强有力的视觉元素，能够生动地展现事件、情境或人物。通过与文字报道相结合，照片可以更直观地传达信息，使读者更容易理解新闻事件的背景和重要性。与抽象图片相比，写实型照片更能丰富新闻报道的叙事性。它们可以捕捉到事件的情感元素，使报道更加生动，从而引起读者的兴趣。写实照片还可以为新闻报道增添真实感和可信度，读者往往会更容易相信那些有图有真相的报道。

设计师在创造视觉作品时，选择图片类型的过程不仅是艺术性的表达，也是一种策略性的决策。这种选择过程需要设计师深入考虑观众的认知负担，即观众在理解和吸收信息时所需投入的精力，认知负担过高可能会导致观众难以理解信息，甚至忽略设计的核心内容。设计师应选择与主题直接相关且易于理解的图片。

此外，在全球化的信息时代，设计师在选择和使用视觉元素时，需要深入考虑观众的背景知识和文化差异，其中主要的挑战在于找到既能传达信息又具有跨文化通用性的视觉元素，以确保信息能够对广大读者清晰、有效地传达。不同文化背景的观众对于颜色、符号、图像甚至布局方式的解读可能截然不同。例如，白色在西方文化中象征纯洁和无辜，而在一些亚洲文化中则与哀悼和丧事相关联。龙在中国文化中是力量、权力和好运的象征，但在一些西方文化中，它可能被视为恶意或破坏的象征。在尊重和理解不同文化的基础上，设计师通过巧妙地利用某些文化元素可以增加设计的吸引力和相关性，但必须小心避开可能产生误解的元素。要设计出既富有吸引力又尊重多元文化的作品，设计师需要进行深入的文化研究和敏感度培训。

设计师还可以使用更普遍的视觉语言和符号，如基本的形状、通用的交通标志等，这些往往具有广泛的认可度和理解一致性。简洁明了的设计往往比过度复杂和充满文化特色的设计更容易被不同文化背景的人群接受和理解。

总的来说，谨慎地选择图片类型，合理利用设计原则，能够提高设计的通用性和有效性，同时最小化观众的认知负担，增强设计与观众的连接和交流。

第二章／样式

三、图片的清晰度对视觉度的影响

❓ 思考：

观察图 2-8 和图 2-9，感受图片清晰度对视觉感受的影响。

图 2-8　清晰度较低的图片

图 2-9　正常清晰度的图片

在图书中使用清晰度较低的图片不仅会影响设计质量，更会从多方面显著降低读者的视觉体验，在实际操作中，要注意规避因图片清晰度低带来的负面影响。

为了适应清晰度较低的图片，书刊设计师有时会在版式中作出一些调整和妥协，虽然可以适当弱化其带来的负面影响，但这可能会限制设计的创造性和自由度。为了最大限度地发挥创造性并保持设计的自由度，应当积极寻找或创造高清晰度的图片资源，并不断学习如何有效地提升图片质量或通过创意手段将低质量图片中的缺点转化为设计上的特色。还可以与作者沟通，说明清晰度较低的图片对设计可能产生的影响，并建议使用更高质量的图片，以保持设计的高水准和创意完整性。

清晰度较低的图片对读者的影响是多方面的。其一，会导致读者的观感质量下降：无论是因为分辨率不足、拍摄技术问题，还是后期处理不当导致的模糊或噪点，都会造成图片的清晰度较低，显著降低图片的视觉效果。这种影响不仅局限于图片本身，还会波及版式的整体效果，进而影响读者的观感。模糊的图片缺乏对细节的清晰展现，会减弱图片的表现力，使得读者难以捕捉图片中的关键元素或信息。噪点则会给读者带来不必要的视觉干扰，降低视觉的清晰度和纯净感，使图片看起来质量低下。此外，清晰度低的图片还会给人一种未经充分思考或缺乏专业处理的印象。在视觉传达领域，清晰、高质量的图片是专业性和精细工艺的标志。设计中的每一个元素都应该经过精心挑选和处理，以确保传达的信息不仅准确无误，而且以最吸引人的方式展现。

其二，清晰度低的图片会使文字可读性下降。一张清晰度低的图片不仅会直接影响到视觉的吸引力，还可能严重影响文字的可读性。首先，清晰度低的图片会分散读者的注意力，使其难以集中精力解读版面中的文字信息。在视觉层面，人们往往首先被图像吸引，如果图像模糊不清，观众的注意力就会在尝试解析图像和阅读文字内容之间分散，导致信息吸收不完整。其次，如果图片作为背景用于嵌入文字，清晰度不足的图片会因为文字和背景之间的对比度过低，进一步降低文字的可识别度。模糊的图像要求读者的大脑进行额外的处理工作，以试图识别出图像中的细节，这种过度的视觉努力会导致观众感到疲劳，减少他们继续阅读文字内容的意愿。因此，为了维护信息的传达效果和确保良好的读者体验，在设计版式时设计师要考虑到文字和图片之间的协调性，选用使用高对比度、清晰度高的图片，并确保文字在任何背景上都易于阅读。

其三，会使图片配色失真。在清晰度较低的情况下，图片的颜色和细节可能会失真或偏差，这种现象直接影响着版式设计的视觉效果和整体协调性。造成这种情况的原因可能是图片的压缩质量不高、分辨率过低，或是在图像捕捉和处理过程中色彩管理不当。这种颜色的不准确性不仅降低了图片本身的视觉吸引力，而且可能会与版式中的其他元素发生冲突，影响设计的整体美感和专业性。在许多设计中，颜色不仅用于美化版面，还承担着传达信息和引导视觉流动的重要作用。颜色失真可能会误导读者，影响他们对版面内容的理解和感知。颜色失真的图片可能会降低品牌的识别度，影响消费者的品牌认知。因此，设计师应该选择高分辨率且未经过度压缩的图片，以保证色彩的准确传达和细节的清晰显示；利用专业的图像编辑软件，对图片进行色彩校正，调整色彩平衡和饱和度，以尽可能还原真实的颜色；在设计过程中实施色彩管理，确保从图片源到最终输出之间色彩的一致性；使用校准过的显示器，确保设计在不同媒介上的色彩表现一致；所有使用的图片不仅在色彩上与整体设计主题和色彩方案保持一致，还要注意色彩的情感和心理效应，以加强设计的表现力。

设计师可参考以下流程，尽可能避免清晰度低图片带来的负面影响：在开始设计前，设计师应确保所有选用的图片具有足够的分辨率和清晰度，避免使用网络上随意下载的低质量图片。在设计过程中，将图片调整为最终显示的尺寸，检查是否存在模糊或像素化的问题，及时发现潜在的视觉问题，有问题的图片可以图形、插图或其他视觉元素作为替代，这些元素可在不牺牲视觉质量的前提下自由缩放。在完成设计前，可以考虑获取同行或目标受众的反馈，特别是关于图片清晰度和整体视觉体验的意见，这可以帮助识别并改进潜在的问题。设计师还要不断探索新的工具和技术来提升图片的清晰度和整体设计质量。在设计行业，技术和趋势的发展速度非常快，新的工具和技术能够帮助设计师有效地处理和优化图片，从而提高工作的质量和效率。

四、图片比例失调对视觉度的影响

图片比例不仅关乎于版式的美观和整齐，还涉及与文本和其他版式元素的配合。比例失调的图片会破坏版式的流畅性和一致性，与其他元素（如文本、标题、页码等）不协调会导致视觉上的混乱，这对于旨在提供清晰、连贯信息的图书来说，是极其不利的。

一是造成视觉不平衡：如果图片的比例失调，可能会使与图片相关的文本或图形难以阅读或理解。读者可能会感到困惑，因为他们无法轻松地理解图片的内容或与之相关的信息。

二是降低艺术美感：书刊的版式设计通常受到艺术美感的影响，比例失调的图片可能会破坏版面的美观度。这对于艺术书刊、杂志和设计相关的出版物尤为重要，因为视觉吸引力是它们的关键卖点之一。

三是造成内容传达和解释的困难：书刊中的图片通常用于补充和解释文字内容，以增强读者的理解。比例失调的图片可能无法有效地传达或解释相关的信息，从而影响读者对内容的理解和欣赏。

四是读者体验：比例失调的图片可能会降低读者的体验，因为他们可能会感到不满意或受到干扰。这可能会影响他们对书刊的整体评价，以及阅读的兴趣。

为了最小化比例失调图片对书刊版式的影响，设计师必须确保所有图片在尺寸和比例上与版式要求相符，必要时需对图片进行裁剪或调整，确保它们不会扭曲或失真，从而保证视觉呈现的准确性和专业度，为读者提供更好的阅读体验和视觉吸引力，以下是一些设计师可以遵循的策略。

（1）使用等比例缩放：在调整图片大小时，应保持其宽高比不变。大多数图形编辑软件和设计工具提供了锁定宽高比的功能，使用等比例缩放可以避免图片被拉伸或压缩造成的形变。

（2）理解和应用网格系统：网格系统是设计中的一个重要工具，它帮助设计师在页面布局中创建一致性和对齐。通过将图片放置在网格中，设计师可以更容易地管理图片的比例和对齐，保证布局的整体和谐。

（3）预先规划设计布局：在开始设计之前，先规划整体布局和每个元素（包括图片）的大小和位置。这样做可以帮助设计师预见和调整可能出现的比例问题，确保每个元素都协调一致。

（4）使用专业图像编辑软件：专业的图像编辑软件，如 Adobe Photoshop 或 Adobe Illustrator，提供了强大的工具和功能来精确控制图片的尺寸和比例。学习和利用这些工具的高级功能，可以有效地避免比例失调。

（5）遵守设计原则和比例规则如黄金比例或规则三分：这些原则是创造平衡和谐视觉效果的有效工具。应用这些原则来指导图片和其他设计元素的布局，可以提升设计的整体美感。

（6）进行视觉平衡的测试：设计完成后进行视觉平衡的测试是非常重要的，可以通过向同事或目标受众展示设计来完成。积极收集反馈意见，检查是否有元素看起来比例失调或不和谐。

（7）学习和参考优秀设计案例：通过研究和分析行业内优秀的设计作品，设计师可以学习如何有效地管理图片比例和整体布局的平衡。这种持续的学习过程有助于提高设计师的审美判断和技术技能。

五、图表的使用对视觉度的影响

书刊版式中的图表是传达文章内容和数据的重要工具，图表在版式设计中的重要性不仅体现在美化和丰富视觉体验，更重要的是能够提高信息传递效率、增强理解度和支持有效决策。一个设计优质的图表不仅能够突出重点，还能激发读者的兴趣，促使他们深入阅读更多内容。在版式中有效运用图表可以明显提升传播效果，具体表现如下。

（1）快速传递文章内容：图表通过将复杂的数据和概念转换为直观的视觉元素，能够显著提高信息传递的效率和效果。图表通过视觉元素如线条、颜色和形状，将抽象或复杂的信息转换成容易理解的表达方式，这种直观性使得读者能够迅速抓住文章的核心概念和关键数据，无需深入阅读大量文本。图表能够精练大量数据和文字信息，突出展示要点。通过筛选出核心数据和趋势，确保读者能够关注文章的主旨和关键信息，从而加快理解；通过比较数据集之间的差异和趋势，深化理解、促进分析，使读者能够快速把握文章试图传达的深层信息。

图 2-10　纯文字的版式

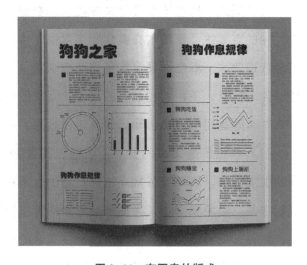

图 2-11　有图表的版式

（2）提高可读性：图表可以增强文章的可读性。长篇幅的文本容易造成读者的视觉疲劳和注意力分散，图表通过在这些文本中插入视觉暂停点，有助于重启读者的注意力，使阅读过程更为轻松和高效。这种视觉上的中断可以让读者在吸收大量信息时，有机会进行思考和消化。图表为文章创建了视觉层次感，有助于引导读者的视线和注意力。通过恰当地安排图表和文本，可以突出关键信息，帮助读者识别文章的结构和重点，从而更有效地导航阅读路径。这种直观的信息传达方式加速了理解过程，特别是对于那些寻求快速获取信息的读者而言。同时，设计精美的图表能显著提升页面或文章的整体美观度，增加吸引力。视觉上吸引人的元素能够激发读者的兴趣，促使他们更愿意投入时间去浏览和理解内容。

（3）数据可视化：图表是数据可视化的重要工具。图表能够将复杂的数据集以视觉友好的方式展示出来，通过色彩、形状和布局的巧妙使用，增加数据的可读性和吸引力。这种直观的表达方式使读者无须深入数字细节，就能快速把握数据的主旨和结论。例如，折线图和柱状图等可以突出显示数据中的趋势、周期性和异常点，这对于科学研究、市场分析等领域至关重要，因为它们依赖于趋势识别和模式分析来支持假设、作出预测或形成策略。饼图和条形图等图表通过简化的视觉元素，将复杂信息分解成易于理解的部分。这在教育和培训材料中尤为重要，可以帮助读者更好地吸收和记忆大量信息。

（4）提高记忆力：视觉元素比纯文本更容易被记忆，图表通过提供易于记忆的视觉参照，帮助读者更好地存储和回忆信息，这种视觉上的印象加深了对文章内容的理解和记忆。图表通过颜色、形状和布局等视觉元素的运用，创造出强烈的视觉冲击力，这有助于吸引读者的注意力。图表通过将数据组织成易于识别的模式（如趋势线、柱状图中的上升或下降），帮助读者快速理解和记住信息，减轻了认知负担，使信息更容易被大脑处理和记忆，读者能够更专注于关键信息，从而提高记忆效率。人类大脑对视觉刺激的反应远超过文本，因此，通过图表呈现的信息更容易留下深刻印象。根据"双码理论"，人们通过两个独立的渠道处理视觉图像和语言信息。图表结合了这两种信息的处理优势，使大脑能够更有效地编码和存储信息。

（5）增加可信度：使用合适的图表可以增加文章的可信度。在科学、学术和商业领域中，准确且详尽的数据分析是理解复杂问题和作出决策的基础。通过使用图表展示经过精心分析的数据，可以显示出作者对主题的深入了解和严谨的研究态度，从而增强文章或报告的权威性。运用图表将原始数据和分析结果对读者开放，提供了一种透明度，允许读者自行验证信息和结论，这种透明性是建立读者信任和提高文章可信度的关键要素。合理和专业地使用图表还表明了作者或研究人员能够有效地处理和解释数据，这不仅体现了技术能力，也让读者相信作者具备将复杂数据转换为有意义见解的能力。在许多领域，读者已经习惯于数据可视化作为信息呈现和论证的一部分，因此，包含图表的文章往往更能满足读者的期望。

有效地利用插图和图表不仅是一种艺术，也是一门科学，设计师应当深入理解图表的多重优势，将它们作为传达信息、增强视觉吸引力和提升读者体验的强大工具。设计师和作者需要选择与内容密切相关且能够清晰传达关键信息的图表，如条形图、饼图、折线图等。应当注重图表的简洁性和准确性，还要避免过度装饰分散读者的注意力。某些特殊的书刊还应考虑图表的可访问性，确保所有读者，包括视觉障碍人士，都能理解所传达的信息。通过实践上述这些效果，设计师能够最大化图表的潜力，创造出既美观又信息丰富的版式设计，有效提升信息传播的效果，同时为读者提供一种既直观又享受的阅读体验。

第二节　图版率

　　图版率是指在出版物（如书籍、杂志、报纸等）中，图像（图片、插图、图表等）所占的总版面面积的百分比。它用来衡量一本出版物中图像与文本的比例，通常以百分比形式表示。

　　计算图版率的公式：

　　　　图版率 =（图像的总面积/总版面的总面积）×100%

　　图像的总面积包括所有插图、照片、图表等的面积总和，总版面的总面积是整本出版物的总版面面积。

一、感受图版率：图文面积的比例

　　图书的图版率对于图书的设计、出版成本、目标读者群体及阅读体验都有着重要影响。图版率的高低根据书的性质和目的不同而有很大差异，不同的图版率会带来不同的影响。大量的插图可以使书籍更加吸引人，对于某些科学类、技术类书籍或教科书，高图版率有助于更直观、清晰地解释复杂概念和流程。相对地，高图版率意味着要留出足够的空间给图版，这可能需要减少文字内容，或扩充版面，会对书刊信息的深度和全面性或成本产生影响。印刷图版往往需要较高质量的纸张和更复杂的印刷工艺，这会增加书刊的生产成本。

❓ 思考：

观察图 2-12 和图 2-13，图片对活跃版面起到了什么效果？

图 2-12　图版率为 0 的版式

图 2-13　图版率较高的版式

确定书刊图版率的过程是一门精细的艺术，它要求出版单位和作者充分理解其作品的独特价值与市场需求，同时也需具备对成本与效益权衡的敏感度。通过综合考虑内容的性质、读者的需求，以及使用场景的特点，确定一个既经济实惠又能最大化读者满意度的理想图版率。

　　恰当的图版率能够在视觉吸引力和信息传递效率之间建立一个平衡点，不仅优化了生产与制作成本，还能够增强读者的阅读体验。这种平衡意味着出版物能够以合理的价格达到其教育或娱乐的目的，同时保证内容的丰富性和市场的可及性。

二、感受图版率：艺术类书刊的图版率

　　艺术类书刊的图版率与其他类型有所不同，如画册、影集等。这类书刊强调视觉效果和艺术价值，因此在确定图版率时，会着重考虑以下几个方面。

　　（1）艺术作品的展示需求。无论是以绘画、摄影还是其他艺术形式为内容的书刊，核心目的都是展示艺术作品。因此，图版率往往较高，以确保艺术作品能以足够的空间和适当的布局呈现，让读者充分欣赏到作品的细节和美感。

　　（2）作品的数量和种类。画册或影集中包含的艺术作品数量和种类也是决定图版率的重要因素。如果作品种类繁多，可能需要更高的图版率更广泛地展示作品。相反，如果书刊聚焦于某一艺术家的少量精品作品，图版率可能相对较低，每幅作品的展示空间会更大。

思考：

观察图 2-14 和图 2-15，思考在版面中大面积使用图片的效果？

图 2-14　大面积使用图片的版式

图 2-15　使用较大图片的版式

（3）读者的期望和体验。艺术类书刊的读者通常期望通过书刊获得近乎画廊的观赏体验。因此，出版单位和作者会考虑到读者的这一期待，在确定图版率时更倾向于提供丰富的视觉内容，以提升阅读和观赏的满意度。

（4）印刷和装帧质量与成本的权衡。艺术类书刊的图版率不仅影响视觉呈现，还与印刷和装帧的质量密切相关。高质量的印刷和精良的装帧可以更好地呈现艺术作品，同时也意味着更高的生产成本，包括印刷、纸张和装订等。因此在决定图版率的同时，也会权衡这些因素。

设计师在选用高图版率的同时，也要充分考虑文字的使用。当图版率达到50%左右时，版式的亲和力会显著提高，更加引人入胜。然而，当图版率超过90%，如果没有文字的设计配合，可能会出现相反的效果——单调、枯燥，使读者感觉空洞无味。这是因为图片在没有文字配合的情况下可能难以传达足够的信息或故事情节，导致读者无法充分解读图片内容，感到缺乏深度和内容。所以，在高图版率情况下，配合简洁的文字可以改善版式的整体效果。文字可以提供额外的解释、背景信息、引言或故事情节，增强图片的信息传达能力。这种平衡的版式既能够吸引读者的注意力，又能提供足够的信息和内涵，使阅读体验更加丰富和有意义。

三、感受图版率：幼儿绘本的图版率

幼儿绘本的图版率之所以高，与儿童心理发展的特点和需求紧密相关。在儿童的早期发展阶段，视觉学习是最主要的信息获取方式之一。儿童通过观察和解读图像来理解世界，高图版率的绘本可以提供丰富的视觉刺激，帮助儿童建立对周围环境的认识。

图 2-16　图版率较高的版式（1）

图 2-17　图版率较高的版式（2）

《小红帽与小红帽》是一则广为人知的德国民间故事，它讲述了一个小女孩和一只凶残大灰狼之间的故事。小女孩因为想看望一位红色绒帽子而得得名小红帽。故事展现小红帽在给她生病的奶奶送食物时，不该独自穿越森林。

图 2-18　图版率较高的版式（3）

　　虽然幼儿处于语言能力快速发展的阶段，但他们的阅读和文字理解能力相对较弱。图像可以作为一种有效的沟通工具，帮助儿童理解故事内容和情感，从而促进语言理解能力和词汇量的增长。相比于纯文字，图像更能吸引幼儿的注意力并保持他们的兴趣。绘本中色彩鲜艳、形象生动的图像能够吸引儿童的视线，使他们更愿意花时间观看和听讲故事，有助于培养幼儿集中注意力和持久关注的能力。

　　高图版率的幼儿绘本不仅满足了儿童在视觉学习、语言发展、认知成长、情感表达和注意力集中等方面的心理发展需要，而且以一种符合儿童认知特点的方式，为他们提供了一种互动、有趣且富有教育意义的阅读体验。这种图文并茂的方式更符合幼儿的心理和认知特点，有助于激发他们对阅读和学习的兴趣。

　　总的来说，幼儿图书的高图版率是出版策略和市场需求共同作用的结果。在竞争激烈的幼儿图书市场中，出版单位通过设计高图版率的图书，能够吸引目标读者群体，在众多图书中脱颖而出，形成品牌特色，在市场竞争中占据有利位置。虽然高图版率的图书通常意味着更高的制作成本，包括插图创作、高质量印刷等方面的投入，但这些高质量的图书能够满足消费者对优质教育资源的需求，因此即使售价相对较高，仍有较大的市场需求。

四、感受图版率：文学类书刊的图版率

❓ 思考：

观察2-19，思考为什么文学类书刊的图版率较低？

图2-19　文学类图书的版式

在书刊的出版中，文学类作品的图版率通常较低。这种设计选择反映了文学作品的本质和阅读体验，也受到商业因素的影响。

文学类书刊通常用于满足大众的需求，提供娱乐性和轻松的阅读体验。文学作品的魅力在很大程度上来源于文字本身的艺术性和表达力。作者通过精心选择的词汇、独到的句式结构和富有层次的叙述技巧，构建出一个个生动的故事世界，传达深刻的情感和思想。低图版率使这种文字的力量得以完全展现，不受视觉元素的干扰，从而允许读者沉浸在文字构建的纯粹体验中，体会语言的韵律美、意境深度和情感力量。相

书刊／版式与样式设计

对于直接提供视觉图像，低图版率的文学作品更能激发读者的想象力和创造力。每一位读者在阅读过程中，根据自己的经验和感受，对人物形象、场景背景乃至情节发展都会有独特的想象和解读。这种主动的想象过程不仅增加了阅读的乐趣，也使得文学作品能够在不同读者心中呈现出多样化的意义和美感。

文学类书刊往往探讨复杂的主题，涉及人性、社会、哲学等多个层面。通过低图版率的设计，作者和出版者鼓励读者专注于文字中的思想深度和情感丰富性，进而更深入地思考书中所探讨的主题。这种设计不仅尊重了文学的内在价值，也使得文学作品成了开启个人内省和社会反思的重要媒介。

低图版率在某种程度上也是对传统阅读体验的一种维持。文学阅读作为一种历史悠久的文化实践，其核心在于文字和思想的交流。保持低图版率，无疑是对这种传统阅读方式的尊重和延续，强调了以文字为中心的阅读体验的价值。

文学类书刊的低图版率是对文字力量的最大化利用，对读者想象力的深度挖掘，以及对文学深度和广度探索的有力支持。这种设计不仅体现了出版者对文学价值的尊重，也为读者提供了一种独特的阅读体验，使他们能够在文字构建的世界中自由遨游，享受思考与感受的深度旅程。

因此，版式设计需要谨慎平衡图像和文字的比例，以确保达到最佳的视觉吸引力和信息传达效果。图版率的合理控制可以增强版面的吸引力，但也需要根据具体情况适当加入文字以提供更丰富的阅读体验，这种平衡有助于满足读者的需求，使版面更具吸引力和亲和力。

五、感受图版率：科技类书刊的图版率

❓ 思考：
观察图 2-20，思考图版率对科技类书刊的影响。

图 2-20　科技类图书的版式

科技类书刊的图版率通常根据内容的性质、目标读者群体及旨在传达的信息类型而变化。相较于文学类和艺术类书刊，科技类书刊更倾向于使用图表来辅助说明复杂的科学原理、数据、操作步骤或技术细节。

科技书刊的目标读者可能包括专业人士、学生、业余爱好者等，不同读者群体对图版的需求和偏好不同。例如，针对初学者或儿童的科普书籍可能需要更高的图版率来吸引注意力和解释基础概念，而面向专业人士的参考书可能更注重精确的图表和数据，图版率可能相对低一些，但包含的信息量更大、专业性更强。科技主题往往包含复杂的概念和过

书刊／版式与样式设计

程，高图版率可以帮助读者更直观地理解这些复杂信息。图表、示意图、流程图和照片可以有效地将抽象的科学原理和技术过程具体化，使得内容更加易于消化和理解。高质量的图版可以显著提升学习效率。特别是在教科书和手册中，图版和图表被广泛用于演示实验设置、机械装置的组成、软件界面等，以支持文本内容和加强记忆点。

在数字出版日益普及的今天，科技类书刊越来越多地采用电子格式，其中还包含互动图表、视频和动画等元素。这为提升图版率和丰富阅读体验提供了新的可能性，同时也改变了传统意义上对图版率的考量。

科技类书刊的图版率是由多种因素共同决定的，旨在通过有效的视觉辅助手段提升信息的传达效率和读者的理解度。出版中需要根据具体内容、目标读者的特性和期望，综合考虑成本和技术条件等因素，以确定最适合的图版率。

第三节　文字的跳跃率

在平面设计中，文字跳跃率（也被称为"类型跳跃率"或"文字节奏"）是一个重要的概念，出版物文字的跳跃率是指版面中最小字体与最大字体的大小比率。这一比率反映了在一篇文章或书刊中不同部分文字的大小差异。最小字体与最大字体之间的比率越大，跳跃率就越高，文本的不同部分之间的字体大小差异更加显著。

跳跃率在出版物的设计中发挥着重要作用，通过在文本中使用不同大小的字体，可以强调特定信息或内容。通常，最大字体用于突出标题、主要章节或关键观点，这有助于读者快速浏览文本并找到他们感兴趣的部分，正文或其他次要信息则会选用较小字体，以使文本更紧凑。出版物中，特定字体大小的文本可能表示不同的文本结构，如引言、正文、注释或其他特殊内容。需要注意的是，文字跳跃率的大小取决于出版物的目标和读者的需求。过于突出的差异可能会让文本难以阅读或理解，而不足的差异可能无法引导读者的注意力。因此，在设计书刊或其他文本时，设计师必须考虑文字跳跃率，以确保达到适当的平衡，以满足出版物的需求和读者的期望。

文字跳跃率对于设计的视觉吸引力、可读性及信息的层次感都有着显著影响。理解和应用好文字跳跃率，可以使平面设计作品更加动态、有趣，同时也更有效地传达信息。

一、感受文字跳跃率：较高的文字跳跃率

在版面设计中，文字跳跃率高意味着文本和图像之间，以及不同段落或版块之间留有较多的空白，除了空白还可以使用不同大小、字体的文本来增大文字跳跃率以吸引读者视线。这种设计策略创造了一种视觉上的"跳跃"，促使读者的视线在页面上移动，从而增加页面的动态感和吸引力。较高的文字跳跃率通常应用在报纸和杂志、广告和宣传册、儿童书籍、教科书和教育材料，以及创意出版物中。

图 2-21　文字跳跃率较高的版式（1）

图 2-22　文字跳跃率较高的版式（2）

❓ 思考：

观察图 2-21 和图 2-22，思考哪些图书或杂志适用较高的文字跳跃率。

报纸和杂志常选择较高的文字跳跃率版式。通过高文字跳跃率，报纸和杂志能够创造出更为动态和引人注目的版面，巧妙地利用空间和版式设计，引导读者的视线在不同的内容之间流动，增加了阅读的互动性和趣味性。动态的版面布局有助于吸引读者的注意力，特别是在信息过载的时代，能够使某些内容在众多信息中脱颖而出。高文字跳跃率的设计手法可以有效地突出报纸或杂志中的重要内容，如特色文章、专题报道或重大新闻。通过变化文字大小、加粗标题、使用不同的颜色或留白策略突出这些内容，使它们在视觉上更有吸引力，从而抓住读者的兴趣和注意力。

较高文字跳跃率可以帮助传达关键信息，广告和宣传材料通过增加文字和元素之间的空间，能够使关键信息在视觉上更为突出。这样的设计使得关键信息在视觉上与其他信息区分开来，减少周围的干扰，使得重点内容更加明显，确保读者的视线直接被吸引到最重要的信息上，如广告和宣传材料中的品牌名称、产品特点、促销信息或行动号召。在信息密集和视觉竞争的环境中，确保读者注意到并吸收广告中的关键信息至关重要。较高的文字跳跃率不仅有助于信息的突出，也创造了强大的视觉冲击力。这种冲击力能够立即抓住目标群体的注意力，激发他们的好奇心和兴趣。在广告和宣传中，引起消费者兴趣是促使他们进一步探索产品或服务的关键步骤。在快速消费的环境中，图书封面经常只有几秒钟的时间吸引目标群体的注意力，较高的文字跳跃率通过清晰地突出关键信息和创造视觉吸引力，特别适合于这种需要迅速传递信息和吸引注意力的场合。

儿童书籍的文字跳跃率高，大都通过在文本和图片之间及页面其余部分上留出较多空白区域，创造出清晰、简洁且具有吸引力的视觉效果。这种布局策略减少了视觉上的复杂性，有助于抓住年幼读者的注意力，使孩子们能够更容易集中注意力于书中的内容。儿童书籍常常使用大字体和鲜艳、生动的图片来吸引与维持孩子们的兴趣。大字体简化了阅读过程，即使是正在学习阅读的孩子也能轻松识别其中的内容。同时，鲜艳的图片能够激发孩子们的想象力和好奇心，增加他们与书籍互动的愉悦感。对于年幼的读者来说，阅读不仅仅是字词的识别，也是视觉和认知技能的综合运用。通过简化版面和强调视觉元素，儿童书籍充分考虑了孩子们不同发展阶段阅读能力的发展，使得阅读过程既适应他们的认知水平，又促进了学习和探索。

教科书和教育材料常使用高文字跳跃率，出版教科书和教育材料的目的是促进学生学习和理解。高文字跳跃率通过减少每页的文字量和视觉元素的复杂度，帮助学生把集中注意力集中在关键信息和概念上。教科书和教育材料中的高文字跳跃率一般表现在以下几方面：第一，通过在关键的概念、定义、图表、示例旁边留出更多的空间，来突出这些元素，确保它们在视觉上引起学生的注意。这种设计有助于强化学习重点，使学生能够更容易地识别和记忆重要信息。第二，通过在文本、图像、图表之间，以及各个段落之间留出更多的空间，来减少页面上的视觉拥挤感，清晰的分隔和足够的空间可以帮助学生更好地吸收、理解教材内容。第三，还表现在组织信息的结构方面，通过清晰地分隔不同的单元和主题，学生可以更清晰地掌握自己的学习进度，有效地规划复习和深入学习，使得学习和复习变得更加系统。教育材料面向的是一个广泛的学生群体，这些学生在阅读水平、学习能力和偏好上存在很大的差异，高文字跳跃率提供了一种更加包容的设计，适应不同学生的需要，在更大程度上促进学生从材料中获得知识。教育材料的目的不仅是传递知识，也在于激发学生的兴趣和参与度。高文字跳跃率和清晰的布局可以使教科书看起来更加吸引人及易于理解，特别是对年轻学生来说，这种设计可以激发他们的好奇心和探索欲。

在高文字跳跃率带来的许多优势中，设计师应重点考虑创建视觉层次。创建视觉层次是书刊版面设计中提高作品吸引力和阅读体验的关键策略之一。视觉层次不仅有助于组织和分隔内容，还能突出重要信息，引导读者的视线流动。其中，文字大小的变化是创建视觉层次最直接、最有效的方法之一，通过调整标题、副标题、引言和正文的字号，可以告诉读者哪些信息是最重要的，哪些是辅助性的，哪些是详细解释。这种方法利用了视觉感知的基本原理：较大的对象（在这种情况下是文字）更容易吸引注意力，而较小的对象则显得更为次要。创建有效的视觉层次需要细致地规划和设计。设计师要把文字跳跃率与其他视觉元素（如图像、图标、边框等）共同考虑，构建一个既美观又功能性强的版面。

二、感受文字跳跃率：较低的文字跳跃率

较低的文字跳跃率通常应用于那些对版面的统一性、连贯性和专业性有较高要求的出版物中。

（1）学术书籍和专业参考资料适用较低的文字跳跃率。学术书籍和专业参考资料的主要目标是传达准确、可靠的知识和信息。这意味着它们需要从权威源头收集信息，并通过专业的研究和分析来支持其论点和结论。这种类型的文献通常包括深入的研究、复杂的理论分析、详细的数据解读，以及严谨的引证，旨在为学者、研究人员、专业人士提供深入的见解和可靠的参考。较低的文字跳跃率有助于保持页面的整洁和专业外观，使得文档看起来更加严谨。同时，较低的文字跳跃率意味着文本排列得更为紧凑，减少了视线跳跃的次数，从而有助于读者集中注意力。

思考：

观察图 2-23 和图 2-24，思考哪些图书或杂志适用较低的文字跳跃率。

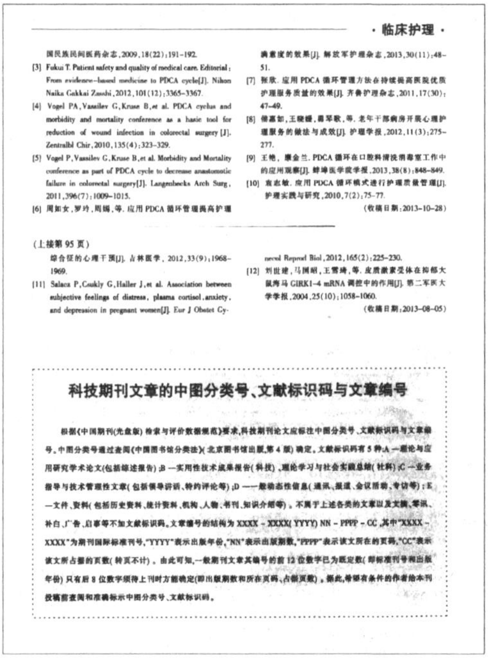
·临床护理·

国民族民间医药杂志，2009，18(22)：191-192.

[3] Fukui T. Patient safety and quality of medical care. Editorial: From evidence-based medicine to PDCA cycle[J]. Nihon Naika Gakkai Zasshi，2012，101(12)：3365-3367.

[4] Vogel PA，Vassilev G，Kruse B，et al. PDCA cyclus and morbidity and mortality conference as a basic tool for reduction of wound infection in colorectal surgery [J]. Zentralbl Chir，2010，135(4)：323-329.

[5] Vogel P，Vassilev G，Kruse B，et al. Morbidity and Mortality conference as part of PDCA cycle to decrease anastomotic failure in colorectal surgery[J]. Langenbecks Arch Surg，2011，396(7)：1009-1015.

[6] 周如女，罗玲，周娟，等. 应用 PDCA 循环管理提高护理满意度的效果[J]. 解放军护理杂志，2013，30(11)：48-51.

[7] 张欣. 应用 PDCA 循环管理方法在持续提高医院优质护理服务质量的效果[J]. 齐鲁护理杂志，2011，17(30)：47-49.

[8] 傅嘉如，王晓婕，曹翠歌，等. 老年干部病房开展心理护理服务的做法与成效[J]. 护理学报，2012，11(3)：275-277.

[9] 王艳，廉金兰. PDCA 循环在口腔科清洗消毒室工作中的应用观察[J]. 蚌埠医学院学报，2013，38(8)：848-849.

[10] 袁志敏. 应用 PDCA 循环模式进行护理质量管理[J]. 护理实践与研究，2010，7(2)：75-77.

（收稿日期：2013-10-28）

（上接第 95 页）

综合征的心理干预[J]. 吉林医学，2012，33(9)：1968-1969.

[11] Salaca P，Csukly G，Haller J，et al. Association between subjective feelings of distress，plasma cortisol，anxiety，and depression in pregnant women[J]. Eur J Obstet Gynecol Reprod Biol，2012，165(2)：225-230.

[12] 刘世建，马国昭，王雪琦，等. 皮质激素受体在抑郁大鼠海马 GIRK1-4 mRNA 调控中的作用[J]. 第二军医大学学报，2004，25(10)：1058-1060.

（收稿日期：2013-08-05）

科技期刊文章的中图分类号、文献标识码与文章编号

根据《中国期刊(光盘版) 检索与评价数据规范》要求，科技期刊论文应标注中图分类号、文献标识码与文章编号。中图分类号通过查阅《中国图书馆分类法》(北京图书馆出版，第 4 版) 确定。文献标识码有 5 种：A —理论与应用研究学术论文(包括综述报告)；B —实用性技术成果报告(科技)，理论学习与社会实践总结(社科)；C —业务指导与技术管理性文章(包括领导讲话、特约评论等)；D —一般动态性信息(通讯、报道、会议活动、专访等)；E —文件、资料(包括历史资料、统计资料、机构、人物、书刊、知识介绍等)。不属于上述各类的文章以及文摘、零讯、补白、广告、启事等不加文献标识码。文章编号的结构为 XXXX - XXXX(YYYY) NN - PPPP - CC，其中"XXXX - XXXX"为期刊国际标准刊号，"YYYY"表示出版年份，"NN"表示出版期数，"PPPP"表示该文所在的页码，"CC"表示该文所占据的页数(转页不计)。由此可知，一般期刊文章其编号的前 12 位数字已为既定数(即标准刊号和出版年份) 只有后 8 位数字须待上刊时方能确定(即出版期数和所在页码、占据页数)。据此，希望有条件的作者给本刊投稿前查阅和准确标示中图分类号、文献标识码。

图 2-23　文字跳跃率较低的版式

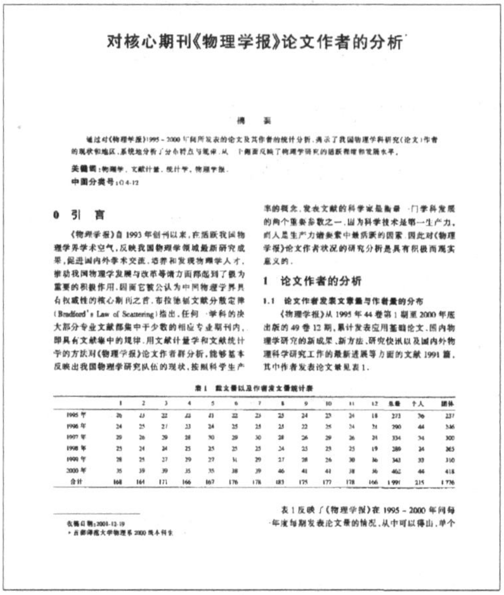
对核心期刊《物理学报》论文作者的分析*

摘　要

通过对《物理学报》1995 - 2000 年间所发表的论文及其作者的统计分析，揭示了我国物理学科研究(论文)作者的现状和地区，系统地分析了分布特点与规律，从一个侧面反映了物理学研究的活跃程度和发展水平。

关键词：物理学，文献计量，统计学，物理学报

中图分类号：O 4-12

0　引　言

《物理学报》自 1993 年创刊以来，在活跃我国物理学界学术空气，反映我国物理学领域最新研究成果，促进国内外学术交流，培养和发现物理学人才，推动我国物理学发展与改革等诸方面都起到了极为重要的积极作用，因而它被公认为中国物理学界具有权威性的核心期刊之首。布拉德福文献分散定律（Bradford's Law of Scattering）指出，任何一学科的大部分专业文献都集中于少数的相应专业期刊内，即具有文献集中的规律。用文献计量学和文献统计学的方法对《物理学报》论文作者群分析，能够基本反映出我国物理学研究队伍的现状。按照科学生产率的概念，发表文献的科学家是衡量一门学科发展的两个重要参数之一，因为科学技术是第一生产力，而人是生产力诸要素中最活跃的因素，因此对《物理学报》论文作者状况的研究分析是具有积极而现实意义的。

1　论文作者的分析

1.1　论文作者发表文章量与作者量的分布

《物理学报》从 1995 年 44 卷第 1 期至 2000 年底出版的 49 卷 12 期，累计发表应用基础论文、国内物理学研究的新成果、新方法、研究快讯以及国内外物理科学研究工作的最新进展等方面的文献 1991 篇，其中作者发表论文数见表 1。

表 1　载文量以及作者发文量统计表

	1	2	3	4	5	6	7	8	9	10	11	12	总量	个人	团体
1995 年	26	43	22	43	41	22	23	23	24	23	24	18	273	36	237
1996 年	24	25	27	33	24	25	25	25	22	25	24	21	290	44	246
1997 年	29	26	29	28	30	29	30	28	26	29	26	24	334	34	300
1998 年	25	24	24	25	25	25	25	24	25	23	25	19	289	24	265
1999 年	28	25	27	29	27	31	29	27	28	26	30	36	343	33	310
2000 年	35	39	39	35	35	38	39	46	41	41	38	36	462	44	418
合计	168	164	171	166	167	176	178	183	175	177	178	166	1 991	215	1 776

表 1 反映了《物理学报》在 1995 - 2000 年间每一年度每期发表论文量的情况，从中可以得出，单个

收稿日期：2001-12-19

* 首都师范大学物理系 2000 级本科生

图 2-24　文字跳跃率较低的学术期刊

第二章／样　式

（2）正式商业文档，如年报、研究报告等适用较低的文字跳跃率。这些文档是企业和机构对外沟通的重要工具，通常包含了关于企业运营、财务状况、市场研究、战略规划等关键信息。因此，它们需要在保持高度专业性和严谨性的同时，确保信息传达得清晰和准确。通过使用较低的文字跳跃率，能够使文档布局看起来更加专业，而且能够更好地引导读者的注意力，提高文档的整体易读性。一个清晰、整洁、专业的文档布局不仅反映了信息的重要性，也体现了作者或机构对内容质量的注重。因此，通过采用较低的文字跳跃率，正式商业文档能够有效地传达其专业性和严谨性，增强信息的可信度和影响力。

（3）小说和非虚构文学作品常常选择较低的文字跳跃率。低文字跳跃率有助于保持文本的连贯性，使得读者能够流畅地从一行文字过渡到下一行，从而减少阅读中断。这种连续性对于小说和非虚构作品尤为重要。它们往往通过叙事来构建情节和论点，需要读者持续跟随作者的思路，专注于复杂的情节、人物发展和主题探讨，减少页面上的空白和断裂使文本布局紧凑，有助于读者沉浸在故事或主题中，减少外界干扰。这种沉浸感是小说和非虚构文学作品追求的核心体验，它允许读者更深入地体验文本情感和思想。在非虚构文学作品中，这种设计同样有助于呈现详细的论证和分析，促进读者的理解和反思。从出版的角度看，较低的文字跳跃率允许在有限的页面内容纳更多的文字，这样不仅可以降低印刷成本，还能确保作品的完整性，不因版面限制而受到影响，对于篇幅较长的小说和详尽的非虚构作品而言，这一点尤其重要。

综上，较低的文字跳跃率通过维持相对一致的文字大小和排版布局增强内容的专业感和权威性、提高长段落和复杂信息的可读性、创建一致和正式的视觉印象、保持阅读的流畅性和连贯性、减少视觉上的干扰、保持内容的整洁和一致性。

第四节 图片跳跃率

在书刊版式设计中，图片跳跃率指的是版面中图片大小的变化和对比度，类似于文字跳跃率概念的视觉应用。图片跳跃率通过调整图片的大小、布局位置及与其他视觉元素（如文字、图标、其他图片）的相对关系，来创造视觉层次、吸引读者注意力，并强化信息传达。

在书刊版式设计中，图片的大小和排布不仅仅是美学问题，还与信息传达紧密相关。通过在版面设计中使用不同大小的图片，可以创造一个或多个视觉焦点，引导读者的视线流动。较大的图片自然会吸引更多注意力，成为页面上的主要焦点，而较小的图片则充当辅助性的角色，补充或强化主要视觉信息。这种通过图片大小来区分信息重要性的方法，有助于读者快速把握内容结构和重点信息。恰当的图片跳跃率可以显著提升版面的整体美观性和吸引力。通过精心设计图片的大小和布局，以及它们与文字和其他版面元素的协调，创造出既和谐又富有层次的视觉效果，吸引并保持读者的兴趣。图片跳跃率可以为版面设计增添动态性和节奏感，通过在大图和小图之间变化，设计师可以在静态的页面上创造出视觉上的"移动"，使得版面更加生动有趣，增强读者的阅读体验。

一、感受图片跳跃率：较高的图片跳跃率

? 思考：

观察图 2-25，思考哪类图书或杂志适用较高的图片跳跃率。

图 2-25　图片跳跃率较高的版式

　　较高的图片跳跃率具有增加互动性和教育价值，提升阅读体验、增强美学展示，激发创意灵感、提升视觉吸引力、丰富信息内容、促进学习理解、增加记忆点等优点。因此适用于儿童图书、艺术和设计类图书、旅游指南和地理杂志、教科书和教育材料。

　　基于对儿童认知发展和阅读习惯的考虑，儿童图书常使用较高的图片跳跃率。首先，对于年幼的读者来说，图像是吸引他们注意力的关键因素，较高的图片跳跃率通过在图片之间留出更多空间，减少视觉上的拥挤感，使每个图像都能够清晰地展现，从而增强视觉的吸引力。这种清晰的视觉呈现有助于吸引儿童的注意力，激发他们对书籍内容的兴

趣。其次，儿童在阅读发展的早期阶段，依赖于图片来理解故事情节和概念。较高的图片跳跃率使得每幅插图都能成为讲述故事的一个独立元素，帮助儿童通过视觉线索来理解和想象故事中的情节和角色。这种布局鼓励儿童深入观察每一幅图画，增强了他们的理解力和想象力。再次，较高的图片跳跃率考虑到了儿童阅读和认知能力的发展水平。对于年幼的儿童，过多的信息可能会导致认知负担，使他们难以集中注意力。通过在页面上提供足够的空白区域，儿童图书可以更好地适应儿童的阅读和理解能力，使阅读过程变得更加易于接近和有趣。最后，较高的图片跳跃率还为成人与儿童之间的互动阅读提供了空间。父母或教师可以指向特定的图片，与儿童一起探讨图片内容，提问和讲述，从而增加阅读的互动性。这种互动不仅加深了儿童对故事的理解，也促进了语言能力和社交技能的发展。总之，通过精心设计的页面布局和较高的图片跳跃率，儿童图书能够为读者提供丰富的情感和审美体验，其中的每一幅图画都像是艺术品一样被展现，有助于培养儿童的审美观和艺术欣赏能力。

艺术和设计领域的出版物常常使用高图片跳跃率的版面来展示艺术作品和设计元素，提供深度的视觉体验，包括艺术作品、设计图案、摄影作品等。高图片跳跃率的版式是通过在不同的视觉元素之间留出较多空间来突出每个元素，使读者能够集中注意力欣赏和分析每一幅作品的细节和技巧。较高的图片跳跃率有以下优点：第一，较高的图片跳跃率创造了一种干净、有序的布局，有助于营造一种优雅和专业的感觉，这对于提升整体的视觉和审美体验至关重要。第二，在艺术和设计的学习与欣赏中，对作品的理解和分析是核心。较高的图片跳跃率可以减少视觉干扰，使读者能够更深入地聚焦于每一幅作品的风格、技术和创意表达，从而促进对艺术与设计原理的理解和分析。第三，通过为图片和设

第二章／样式

计元素提供足够的空间，这些出版物鼓励读者在视觉上与作品互动。这种布局策略增加了页面的空间感，使读者在翻阅书籍时有更多的空间来思考和吸收所展示的艺术理念和设计思想。在艺术和设计领域，出版物本身往往也被视为一种艺术作品或设计对象，使用高图片跳跃率，配合高质量的印刷和纸张，符合目标读者对美学和专业性的高标准。

旅游指南和地理类出版物也倾向于使用高图片跳跃率版式。旅游指南和地理类出版物的主要目的之一是吸引读者的兴趣，激发他们对探索不同目的地的热情，通过高图片跳跃率的版式，这些出版物能够突出美丽的景观照片、地图和其他视觉元素，创造出吸引人的页面布局，从而引起读者的好奇心和探索欲。这类出版物通常需要传达大量的地理、文化和旅行相关信息。高图片跳跃率给予每个信息点和视觉元素足够的空间，避免信息过于拥挤导致的混乱，通过提供充足的视觉和文本空间，可以创造一种轻松愉悦的阅读体验，帮助读者更容易理解和记忆重要的旅行提示、地点介绍和路线规划。这种设计方法使读者在浏览这些出版物时感到更加舒适，能够在视觉上和心理上享受到一次虚拟的旅行体验。高图片跳跃率提供的空间感鼓励读者在阅读过程中进行互动和探索。例如，地图和路线规划可以设计得更为清晰和易于导航，使读者能够轻松地规划自己的旅行路线和活动，增强了指南的实用性和互动性。旅游指南和地理类出版物需要展示的内容类型繁多，包括文字描述、照片、地图、图表等，高图片跳跃率版面使这些内容可以有序地排列在页面上，每种类型的信息都能得到适当的展示和强调，使整本出版物在视觉上和内容上都更加丰富和多元。这类出版物不仅仅是提供信息的工具，也是展示目的地美学和文化魅力的窗口。高图片跳跃率的版面提升了出版物的整体美学价值和收藏价值。

某些特殊的教科书和教育材料也会选择较高图片跳跃率，如科学、地理和艺术教育等学科。视觉元素对于理解复杂的概念和过程至关重要，较高的图片跳跃率允许这些视觉元素以更加清晰和引人注意的方式展现，提升了教材的教学效果。学生的学习风格多种多样，大多年轻学生可能更偏向于视觉学习，通过使用较高的图片跳跃率，教材可以提供丰富的视觉学习材料，从而支持包括视觉在内的多种学习风格，更好地适应这些学生的需求，较高的图片跳跃率不仅使教材看起来更加友好和吸引人，也有助于激发学生的学习兴趣。在解释复杂的概念或展示步骤指导时，清晰的视觉提示极为重要，清晰、有序的页面布局有助于提升教材的整体可读性和吸引力。较高的图片跳跃率使得教材能够通过足够的视觉和文本间隔，清晰地传达信息，避免学生感到混淆或被过多的信息所困扰。对于特殊教育领域，如为视觉处理障碍或注意力不足/过动症（ADHD）的学生设计的教材，较高的图片跳跃率可以减少视觉干扰，帮助这些学生更好地集中注意力和理解教材内容。在某些情况下，较高的图片跳跃率还可以鼓励学生对教材内容进行互动和探索。例如，在科学实验或艺术创作指导书中，清晰的步骤展示和足够的空间可以激励学生跟随指导进行实践操作。

综上所述，较高的图片跳跃率在吸引读者注意、提升信息传达效率、增加版面美感等方面具有显著优势，适用于需要强化视觉体验和信息层次的图书和杂志。

第二章／样式

二、感受图片跳跃率：较低的图片跳跃率

？ 思考：

观察图 2-26，思考哪类
图书或杂志适用较低的
图片跳跃率。

图 2-26　图片跳跃率较低的版式

　　较低的图片跳跃率有助于创建整洁、统一的版面，使得整体设计更
加舒适和专业，能够增强版面的专业性和权威感。通过避免过度的视觉
跳跃，读者可以更容易地关注内容本身，提高信息吸收率，确保信息传
递得清晰和准确，促进读者对复杂数据和信息的理解。在追求信息准确
传达的出版物中，统一的图片使用可以避免读者的注意力分散，确保关
键信息得到有效传递。较低的图片跳跃率还可以减少视觉干扰，提高读
者查找信息的效率。

　　学术期刊和研究报告常采用较低的图片跳跃率，这类内容旨在提供
尽可能多的专业信息和数据。较低的图片跳跃率允许这些文档在有限的

页面空间内包含更多的文本和图表，从而提高信息的密度和传递效率。从专业需求来看，学术期刊和研究报告强调内容的权威性和专业性，通常需要遵守特定的格式和排版规范，这些规范往往要求使用较为统一和紧凑的页面布局。这样的要求确保了文档的一致性和可读性，同时也便于出版和在线访问。学者和研究人员在阅读这些文档时，往往需要快速定位到特定的数据、论点或引用。较低的图片跳跃率通过减少页面上的空白区域，使文档的布局更加紧凑，有助于专业读者高效地浏览和检索信息。从成本来看，出版和印刷成本是出版物设计时要重点考虑的因素，较低的图片跳跃率可以减少所需的页面数，从而降低出版成本。对于在线资源而言，这种设计还有助于减少数据使用和下载时间，节约资源。

企业年报和官方文档常采用较低的图片跳跃率。企业年报和官方文档旨在向股东、客户、合作伙伴或公众报告公司的业绩、财务状况、运营活动以及未来规划，较低的图片跳跃率允许这些文档在有限的空间内包含更多的文本和数据，从而有效地传达大量信息。从专业需求来看，这些文档强调内容的权威性和准确性，通常需要遵循特定的格式和标准，以满足法规要求或行业标准。较低的图片跳跃率有助于维持文档的格式一致性和标准化，确保所有必要信息得到充分且清晰的展示。紧凑的页面布局有助于呈现详细的财务报表、数据分析和正式的文本内容，增强文档的权威性。企业年报和官方文档的读者可能需要对文档进行深入的阅读与分析，尤其是财务数据和业绩指标。较低的图片跳跃率通过提高文本密度和减少不必要的空白，使得重要信息更加集中，便于读者查找、阅读和分析。从成本来看，出版和打印企业年报和官方文档可能涉及相当大的成本，特别是对于需要大量印刷分发的公司而言。采用较低的图片跳跃率可以在保持内容完整性的同时，尽量减少页面使用，从而节约印刷和分发成本。

　　某些实用型图书，如技术手册和用户指南，常具有较低的图片跳跃率。这类图书旨在传达具体的操作步骤、技术规格、使用说明等详细信息，常包含复杂的技术图解、流程图和示意图。从出版物本身而言，与注重美观或娱乐性的出版物不同，技术手册和用户指南强调的是实用性和功能性。较低的图片跳跃率支持这一目标，通过紧凑的信息呈现，直接传达实用指导。读者在使用技术手册和指南时，往往希望能够快速找到解决问题的方法或了解特定功能的操作步骤。较低的图片跳跃率通过减少页面上的空白区域和无关干扰，使得文档更加便于参考和操作。从读者角度来看，技术手册和用户指南的主要读者群是寻求具体解决方案或操作指导的专业人士或用户，这些读者通常更关注内容的实用性而非版面设计的美观性，因此，较低的图片跳跃率更符合他们的阅读偏好和需求。

　　总而言之，较低的图片跳跃率适用于那些重视内容深度、专业性和版面统一性的图书和杂志，它通过减少视觉元素之间的对比度，帮助读者保持注意力集中，提高整体的阅读体验。

第五节　网格拘束率

　　网格是一种重要的编排辅助手段。我们依靠网格对版面的框架结构进行大致的规划。在平面设计中，"网格拘束率"并不是一个标准术语，但这个概念可以解释为设计中网格系统的应用程度和对设计元素的约束力度。也就是说，它指的是在设计过程中，利用网格系统来组织内容和设计元素的程度，以及这个系统对元素布局和位置的控制强度，也可以理解为文字、图片受网格约束的程度。

一、感受网格拘束率：较高的网格拘束率

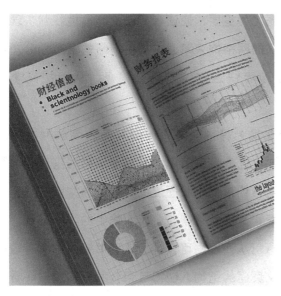

? 思考：
观察图 2-27，思考哪些图书或杂志适用较高的网格拘束率。

图 2-27　网格拘束率较高的版式

　　高拘束率的网格系统可以为书刊版面提供一致的基础，无论是跨页还是整本书刊，都能保持设计的连贯性，增强读者的阅读体验。一旦建立了网格系统，便可以快速且有效地放置和对齐元素，这对于需要处理大量页面和内容的书刊尤其有利。通过对文本、图片和其他设计元素的精确控制，网格有助于创造清晰、易于导航的页面布局，使读者更容易吸收信息。网格拘束率与创意设计看似矛盾，但一个结构化的网格系统实际上可以激发设计师的创造力，因为它提供了一个框架，可以在框架

内进行创新的探索。

学术书籍和教科书通常采用较高的网格拘束率，这类图书往往包含大量的信息，包括文本、图表、公式和参考资料等，较高的网格拘束率通过提供一致的布局结构，保持出版物的统一和协调，使得不同类型的信息能够以一种清晰且一致的方式呈现。遵循固定的网格系统有助于优化文本的排版和元素的布局，从而提高整体的可读性。这对于需要精确解读的学术内容和复杂数据尤为重要，使读者能够更容易地找到、理解和吸收信息。教科书中较高的网格拘束率通过提供清晰的章节划分、标题系统和索引布局，帮助读者快速定位到所需信息，从而提高学习效率。

词典、百科全书或专业目录等经典书籍一般具有较高的网格约束率，这些类型的出版物需要传达大量的信息，而且要求这些信息能够被读者轻松查找和理解。高网格约束率的版面提供了一致的排版布局，这种一致性确保了文字、图表和其他元素在整个出版物中的统一呈现，帮助读者快速浏览和定位信息，从而提高可读性。这些书籍通常含有较多页面，高网格约束率标准化页面的结构，使得目录、索引和页眉等导航元素的设计更加清晰，帮助读者快速找到他们需要的信息。词典和百科全书等需要在有限的空间内提供尽可能多的信息。高网格约束率允许设计者有效地利用每一页的空间，确保信息密集而有序。这类出版物通常被视为某个领域内的权威资源，一个严格和一致的排版布局反映了出版物的专业性，增强了其权威性和可信度。从出版角度看，使用高网格约束率可以提高排版的效率，因为设计和排版的规则已经明确设定，这不仅加快了生产过程，也能降低成本。

二、感受网格拘束率：较低的网格拘束率

图 2-28　网格约束率较低的版式（1）

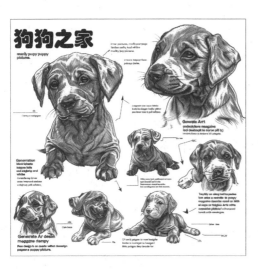

图 2-29　网格约束率较低的版式（2）

❓ 思考：

观察图 2-28 和图 2-29，思考哪些图书或杂志适用较低的网格拘束率。

较低的网格拘束率为设计师提供了更多的创造空间，可以探索更多的设计可能性，创造出独特且引人注目的版面布局。较低的网格拘束率允许设计师根据内容的特性和目标受众的偏好，定制个性化的布局和设计元素，使图书更加个性化和有吸引力。需要通过设计来传达特定情感或氛围的书刊，也适用较低的网格约束率，设计师可以更好地利用空间和布局来增强这些效果。在强调视觉冲击力或艺术性的书刊中，灵活的布局可以更好地展示图像和视觉元素，使它们成为阅读体验的中心。

　　文学作品和小说通常采用较低的网格拘束率，这类作品的主要目的是为读者提供连贯流畅的阅读体验，较低的网格拘束率允许文本在页面上自然流动，减少了硬性分栏或过于严格的布局可能带来的阅读中断，从而提升了阅读的舒适性和沉浸感。文学作品和小说往往追求一种美学效果，希望通过文字创造出丰富的情感和视觉想象空间。较低的网格拘束率提供了版面设计上的灵活性，使出版物能够通过不同的排版风格和版式设计来增强文本的美学魅力和艺术表现力。文学作品和小说在叙事结构上可能非常多样化，包括传统的线性叙事、非线性叙事、诗歌、对话等形式。较低的网格拘束率允许版面设计更好地适应这些叙事结构的需要，通过灵活的文本排列和空间利用，有效地支持故事的叙述方式和内容展现。每部文学作品和小说都有其独特的主题、氛围和风格，较低的网格拘束率使设计师能够根据每部作品的特点进行个性化的版面设计，通过版面布局来反映作品的情感色彩和主题特点，为读者提供独特的视觉体验。随着电子书和在线阅读的普及，文学作品和小说需要在不同的阅读设备上呈现。较低的网格拘束率在一定程度上提供了更好的适应性，使文本布局能够在不同尺寸和分辨率的屏幕上保持良好的阅读体验。

艺术作品或摄影集采用较低的网格拘束率，主要是为了提供更大的灵活性和创意空间，以充分展示艺术家的作品和创意意图。就作品的共性看，艺术作品和摄影集旨在通过视觉传达情感、故事或某种独特的美学体验，较低的网格拘束率允许设计师根据每件作品的内容和风格灵活安排版面，从而最大化其视觉冲击力和艺术表达。从作品个性的角度看，每个艺术家或摄影师的作品都具有独特的风格和个性，通过使用较低的网格拘束率，出版物可以为每件作品提供定制化的展示空间，确保版面设计能够恰当反映作品的个性和艺术价值。从设计观感来看，艺术作品和摄影集中的作品包含不同的尺寸、比例和风格，较低的网格拘束率使版面设计可以灵活适应这些多样性，为各种类型的作品提供最佳的展示效果。在艺术和摄影出版物中，阅读和观赏体验是极其重要的，这类作品通常还承载着丰富的情感和故事。较低的网格拘束率通过创造更加动态和引人入胜的版面布局，可以更好地捕捉和传达这些情感层面，增强观赏者的体验，使读者或观赏者能够与作品产生共鸣。

儿童书籍通常采用较低的网格拘束率，这是基于对儿童认知发展、阅读习惯及视觉吸引力的综合考虑。儿童特别容易被色彩鲜艳、形式多样的视觉元素所吸引。较低的网格拘束率允许设计师在版面设计中加入更多的创意元素，如动画角色、色彩斑斓的背景及各种吸引儿童注意的图形，从而提升书籍的视觉吸引力。儿童书籍经常鼓励互动和探索，如寻找隐藏元素、解谜以及参与故事情节的发展。较低的网格拘束率使设计师可以创造出互动性和探索性更强的页面布局，鼓励儿童积极参与阅读过程。较低的网格拘束率使得版面布局可以更加灵活地调整文字大小、行距和图文组合，以适应不同年龄段儿童的阅读能力。对于幼儿，大字体和富有趣味性的图文布局尤其重要，有助于吸引他们的注意力并支持阅读学习。儿童图书不仅是为了娱乐，也承担着教育的角色，往往通过故事来教育和引导儿童。通过使用较低的网格拘束率，设计师可以有效地结合教育内容与有趣的视觉元素，使得学习过程变得更加有趣和吸引人。

诗歌采用较低的网格拘束率，主要是因为诗歌的形式和内容特性要求版面设计要有更高的灵活性和表现力。诗歌的版面布局是其艺术表达的一部分，较低的网格拘束率提供了将诗行、诗节安排成具有视觉冲击力的形态的自由，从而增强诗歌的整体美学效果。通过灵活的排版，诗歌的形式可以更好地反映其内在的节奏、停顿和情感流动。诗歌风格和结构的多样性要求版面设计具有高度的适应性。较低的网格拘束率允许设计师为不同风格的诗歌创造独特的版面布局，无论是自由诗、韵律诗还是视觉诗等，都能通过特定的排版来加以强调和表现。诗歌阅读不仅是理解文字意义的过程，更是一种审美和情感的体验。通过使用较低的网格拘束率，诗歌的排版可以更好地引导读者的阅读节奏和视线流动，从而提升阅读体验，使读者能够更深入地感受诗歌的韵律和情感。每首诗都是诗人独特情感和思想的表达，常常使用象征、隐喻和其他修辞手法来传达深层意义，较低的网格拘束率有助于突出这些元素，通过视觉上的排版和空间布局来加强诗歌语言的象征意义和视觉效果。

网格系统提供了一个框架，帮助设计师有条理地安排文本、图片和其他图形元素。设计师需要根据书刊的内容和设计目标，选择一个适合的网格布局。对于文本比重大的书刊，可能需要一个简单的列网格；对于图像和文本混合的设计书刊，模块网格或层次网格可能更合适。虽然网格提供了一个结构化的框架，但这并不意味着不能有创新。设计师可以在网格的基础上进行创新，比如通过跨越多个网格单元来放置某些元素，或者在某些页面上打破网格以创造焦点或强调。设计过程中，不断地测试和调整是至关重要的，设计师要根据实际的书刊尺寸打印出设计稿，以确保所有元素在物理形态下与设计预期一致。一些设计软件，如Adobe InDesign 提供了强大的网格系统和对齐工具，可以精确地控制每个元素。总而言之，网格系统是一个工具，而不是规则的束缚，设计师要敢于创新和实验。

第六节　空白率

平面设计中的"空白率"指的是在页面布局中故意留出的未被文字、图片或其他设计元素占据的空间的比例，空白越多空白率越高。

这些空间通常被称为"负空间"或"白空间"，它们虽然看上去是空无一物的区域，但在视觉设计中发挥着重要的作用。空白率是平面设计中一个关键的概念，它不仅关乎美学，还关乎功能和读者体验。通过调整空白率，可以影响设计的视觉冲击力、信息的清晰度和读者的互动体验。正确的空白使用可以提升设计的整体质量，使其更加吸引人、易于使用和理解。

一、感受空白率：较高的空白率

高空白率可以创造出更加优雅和精致的视觉效果，增加设计的美学价值，使出版物更加吸引人。通过在文本和图像之间增加空白，可以减少视觉杂乱感，使读者更容易集中注意力于关键信息，提高内容的可读性。当我们需要引导读者的注意力时，合理利用空白可以有效地引导读者的视线流动，突出重要的信息或图像，提高信息的传达效率。较高的空白率还可以减少视觉疲劳,为读者提供一种轻松舒适的阅读环境,特别是在长时间阅读时。对于追求高端、简洁或极简主义的品牌和设计,高空白率能够有效地传达这些特定的价值观和美学理念。

❓ 思考:
观察图2-30,思考哪些图书或杂志适用较高的空白率。

图 2-30　空白率较高的版式

　　艺术和摄影图集及设计和建筑书籍作为高度视觉化的出版物,强调通过充足的空间展示作品以提升视觉和美学体验。高空白率在这些出版物中的应用反映了一种设计哲学,即通过增加页面上未被文字或图像占据的空间(即空白区域),来强化观赏者对艺术作品或设计理念的关注和感受。在艺术和摄影图集中,每幅作品不仅是观赏的对象,也是传达创作者视觉语言的媒介。高空白率为这些作品提供了必要的"呼吸空间"，确保观赏者的视线能够集中于作品本身，而不是被周围的元素干扰。设计和建筑书籍往往旨在展示和解释复杂的设计理念或建筑项目，高空白率通过减少视觉干扰，帮助读者更清晰地理解这些理念，同时也反映了设计本身的简洁性和功能性。虽然高空白率有助于强化视觉展示和美学体验，但设计师也需要思考如何在保持足够的信息量与提供艺术享受之间找到平衡。这要求设计师精心规划页面布局，确保文字描述、图像注释和其他重要信息能够和谐地融入整体设计中。这些出版物通过高空白率，不仅能够展现出作品的视觉魅力，还能够传达出设计的深层意义和现代感，为读者提供一种既丰富又深刻的阅读和观赏体验。

文学作品和诗歌是表达人类情感、思想和生活体验的重要媒介，它们通过文字构建起复杂的情感世界和深邃的思想探索。在这类作品的排版设计中，较高的空白率不仅是一种视觉美学上的选择，更是一种增强文本情感深度和思考空间的策略。在文学作品和诗歌中，空白不仅仅是字与字、行与行之间的物理距离，它还象征着思考和沉思的空间。通过在文本周围留出更多的空白，读者在阅读过程中得以暂停，反思所读内容的含义和深层次的情感，从而增加阅读的深度和丰富性。空白区域在视觉上可以营造一种静谧、沉思的氛围，与文学作品和诗歌的内在情感和主题相呼应，进一步增强了文本所要传达的情感和氛围，这种美感本身就是一种情感表达，能够吸引读者进入文本的世界，开始他们的阅读旅程。

时尚杂志在市场定位上追求的是一种优雅、奢华且独特的视觉体验，旨在吸引那些寻求精致生活方式和高品质产品的消费者。在这些出版物的视觉设计中，高空白率被视为传达高端形象和创造优质阅读环境的重要设计策略。在设计领域，充足的空白区域被视为一种奢华的象征，因为它传达了一种"无须填满每一寸空间"的自信和从容。对于高端品牌而言，这种设计理念反映了其产品和服务的独特价值和品质。

在追求极简主义美学的书刊设计中，选用较高的空白率成为一种有效的表达方式。通过有意地留出更多的空白区域，设计师可以引导读者的视线流动，使得重要的内容或图像得到更加突出的展示。这样的设计不仅能够传达出"少即是多"的理念，还能够提升读者的阅读体验，通过简约而不简单的页面布局，传递出更深层次的意义和价值。因此，对于那些追求极简主义美学风格的书刊，选用较高的空白率不仅是一种设计上的选择，更是一种哲学上的体现。它不仅能够反映出设计师对于材料、空间和内容的深思熟虑，还能够让读者在视觉上和心理上感受到一种宁静、纯粹和专注，从而更加深刻地理解和感受到书刊所要传达的核心价值和意义。

虽然较高的空白率在书刊设计中可以体现极简主义的美学理念，为读者提供清晰、专注的阅读体验，但设计师在采用这种设计方法时也需要考虑潜在的缺点。比如，一些期望获得密集信息的读者可能会将页面上的大量空白误解为内容的缺乏，认为书籍提供的信息不够充实或深入，这种误解可能影响书刊的接受度和评价。虽然高空白率可以提供一种清新、简约的视觉体验，但对某些读者来说，这种设计可能会显得过于空旷，缺乏足够的视觉刺激，导致阅读兴趣降低。在寻求丰富视觉内容和详细信息的领域，如一些专业书籍或儿童图书中，过高的空白率可能不会收到预期的正面效果。在一些情况下，为了维持高空白率，设计师可能需要做出一些妥协，比如减少图像的使用、简化文字信息等。同时，更高的空白率意味着需要更多的页面来展示相同数量的内容，这可能导致书刊的生产成本增加。总而言之，平衡美学追求和实际应用尤为重要。

二、感受空白率：较低的空白率

图 2-31　空白率较低的版式

? 思考：
观察图 2-31，思考哪些图书或杂志适用较低的空白率。

较低的空白率可以在有限的页面空间内提供更多的信息，对于那些需要传达大量内容的出版物来说是一个重要的优势。在印刷出版中，减少空白可以减少所需的页面数，从而降低印刷成本。较低的空白率有助于读者获取具体信息而不是设计美感，通过紧凑的布局满足快速查阅的需求，读者能够一目了然地获取信息。

教科书和学术书籍的主要目的在于传达复杂和详尽的信息，包括理论、数据、分析和引证等，往往包含大量的文本、图表、注释和参考资料等，每一种元素都是信息传递过程中不可或缺的部分。在这种情况下，较低的空白率——即页面上被文本和图像占据的比例较高，留白较少——成为一种必要的设计考虑。较低的空白率使更多的内容能够被紧凑地安排和展示。学生和研究人员通常需要从教科书和学术书籍中快速地获取和理解大量信息。通过优化页面布局，可以在不牺牲可读性的前提下，增加每页的信息量以降低空白率。这意味着读者可以在翻阅较少的页面数时，接触和吸收更多的信息。出版成本是出版单位需要考虑的另一个重要因素，较低的空白率可以减少所需的总页数，从而直接影响到印刷和分发的成本。在竞争激烈的出版市场中，成本效益是出版成功的关键因素之一。

手册和指南类图书，如用户手册、操作指南、教程书籍等，主要目标是传达具体、实用的信息和指导，以帮助读者学习新技能、操作设备或理解特定的主题。这类出版物的设计和排版通常强调内容的可访问性和实用性，有时甚至超过了美观性和艺术性的考虑。为了包含尽可能多的指导和信息，手册和指南可能会通过减少页边距、缩小行距及段落间距，以及紧凑地排列文本和图表，采用较低的空白率。这意味着页面上的空白（即未被文本或图像占据的空间）被最小化，为内容腾出更多空间。这种策略虽然可能牺牲一些设计美观性，但能有效提高信息的传递效率和手册的实用价值。

参考书籍，如词典、百科全书等，是旨在提供大量信息、数据、事实、定义和解释的工具书。这类书籍主要是作为查询资源，使读者能够快速找到特定主题或词汇的详细信息。为了在有限的页面空间内包含尽可能多的条目和定义，通常采用减少页面上空白的策略。减少页面空白，意味着每一页都能够包含更多的文字，从而提高了信息密度。这样，即使在有限的空间内，也能够提供大量的条目和定义。减少空白可以在不增加页数的情况下增加内容量，进而控制成本，这对于页数较多的参考书籍来说尤为重要。参考书籍的另一个关键要求是便于检索。在空白率较低的情况下，设计师需要巧妙地利用标题、索引、导航提示等设计元素，确保读者即使在信息密集的页面上也能快速定位到所需内容。

报纸和新闻杂志作为主要的信息和新闻传播媒介，它们的设计和排版策略在很大程度上旨在最大化内容的传递。这包括容纳尽可能多的新闻故事、分析、评论以及广告和其他元素，以满足读者的需求和商业目标。通过减少页面上的未使用空间，报纸和新闻杂志可以在有限的页面内包含更多的文章和报道，这意味着每一版都能够传递大量的信息。广告是报纸和新闻杂志收入的重要来源。在设计时，需要考虑如何在不影响内容可读性和版面美观的前提下，有效地整合广告。这类出版物一般在内容之间或旁边安置广告，从而在保持信息传递效率的同时，也实现商业收益。尽管追求较低的空白率，报纸和杂志的设计仍需考虑如何通过排版和视觉元素有效地引导读者的注意力。不同大小的标题、显著的图像以及版块划分，可以在视觉上创建清晰的信息层次，帮助读者快速定位感兴趣的内容。

　　虽然较低的空白率有其优点，但也带来了设计和排版的挑战。设计师需要在增加内容密度和维持良好的页面可读性、清晰的信息层次结构之间找到平衡。这可能涉及对字体大小、行距、段落间距以及图表和文本之间的空间进行精细的调整。此外，适当地使用边距和空白区域对于指引读者的注意力、突出重要信息以及创建页面视觉舒适度也是非常重要的。空白率的控制不仅仅与美观与否相关，更是一种有效的沟通工具，它反映了设计师对作品的视觉语言、读者体验以及传达信息意图的考量。设计师可以根据图书的内容、目标受众和预期的使用场景来决定空白率的最佳应用，以实现最佳的设计效果。

第七节　文字排列

　　在出版物平面设计中，文字排列（也称为版式设计或排版）是一项关键元素，它对于确保信息清晰传达、增强设计美感，以及提升阅读舒适度至关重要。文字排列的艺术不仅涉及文字的选择（如字体、大小和颜色），还包括文字的组织、布局和间距等方面。

　　文字的排列方式直接关系到信息是否能够被清晰、准确地传达给读者。清晰的信息传达能够减少认知负担，使读者更容易理解和记忆信息。良好的文字排列能够增强设计的美感，创造出和谐、平衡的视觉效果，这种美感能够激发读者的正面情绪，增加他们对出版物的好感和兴趣。

一、文字排列：齐头齐尾型

　　齐头齐尾型的文字排列方式，即文本在页面左右两边都对齐。齐头齐尾的排版创造了一种整齐的边缘，让页面布局看起来更加统一和专业。通过消除页面左右两侧的不规则空白，齐头齐尾的排版增加了文本的美观度，尤其是在包含大量文本的页面上，创造出一种整齐、均衡的视觉效果。对一些读者来说，齐头齐尾的文本可以提供一个稳定的阅读节奏，因为每行的长度一致，视线移动更加平滑。相比于其他排版方式（如左对齐），齐头齐尾的排版方式通过调整单字间距来确保每一行都充满文本，从而减少所需的总页数，更有效地使用页面空间。

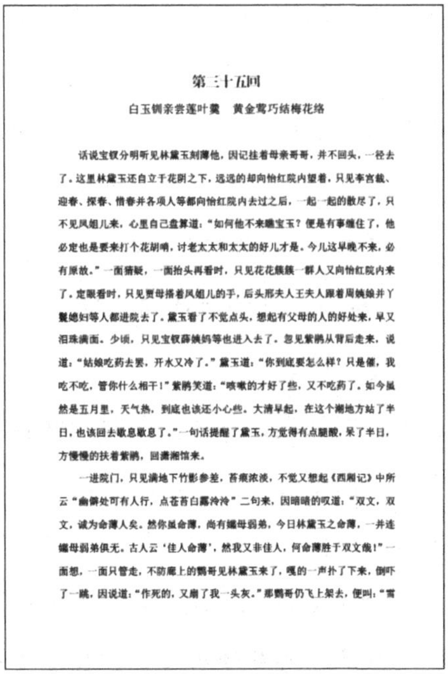

第三十五回

白玉钏亲尝莲叶羹　黄金莺巧结梅花络

话说宝钗分明听见林黛玉刻薄他，因记挂着母亲哥哥，并不回头，一径去了。这里林黛玉还自立于花阴之下，远远的却向怡红院内望着，只见李宫裁、迎春、探春、惜春并各项人等都向怡红院内去过之后，一起一起的散尽了，只不见凤姐儿来，心里自己盘算道："如何他不来瞧宝玉？便是有事缠住了，他必定也是要来打个花胡哨，讨老太太和太太的好儿才是。今儿这早晚不来，必有原故。"一面猜疑，一面抬头再看时，只见花花簇簇一群人又向怡红院内来了。定眼看时，只见贾母搭着凤姐儿的手，后头邢夫人王夫人跟着周姨娘并丫鬟媳妇等人都进院去了。黛玉看了不觉点头，想起有父母的人的好处来，早又泪珠满面。少顷，只见宝钗薛姨妈等也进入去了。忽见紫鹃从背后走来，说道："姑娘吃药去罢，开水又冷了。"黛玉道："你到底要怎么样？只是催，我吃不吃，管你什么相干！"紫鹃笑道："咳嗽的才好了些，又不吃药了。如今虽然是五月里，天气热，到底也该还小心些。大清早起，在这个潮地方站了半日，也该回去歇息歇息了。"一句话提醒了黛玉，方觉得有点腿酸，呆了半日，方慢慢的扶着紫鹃，回潇湘馆来。

一进院门，只见满地下竹影参差，苔痕浓淡，不觉又想起《西厢记》中所云"幽僻处可有人行，点苍苔白露泠泠"二句来，因暗暗的叹道："双文，双文，诚为命薄人矣。然你虽命薄，尚有孀母弱弟，今日林黛玉之命薄，一并连孀母弱弟俱无。古人云'佳人命薄'，然我又非佳人，何命薄胜于双文哉！"一面想，一面只管走，不防廊上的鹦哥见林黛玉来了，嘎的一声扑了下来，倒吓了一跳，因说道："作死的，又扇了我一头灰。"那鹦哥仍飞上架去，便叫："雪

图 2-32　齐头齐尾型的文字排列（横排）

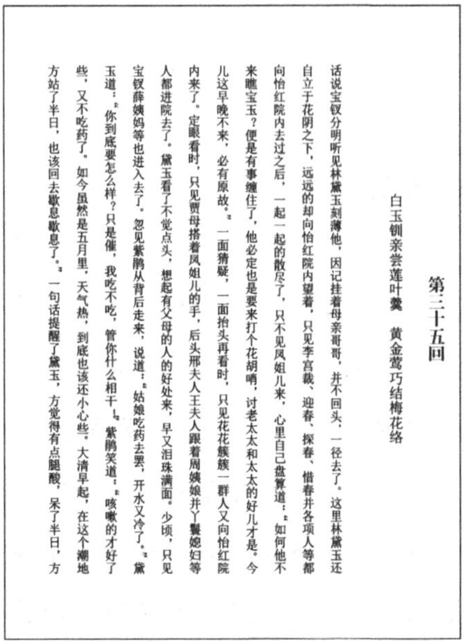

第三十五回

白玉钏亲尝莲叶羹　黄金莺巧结梅花络

话说宝钗分明听见林黛玉刻薄他，因记挂着母亲哥哥，并不回头，一径去了。这里林黛玉还自立于花阴之下，远远的却向怡红院内望着，只见李宫裁、迎春、探春、惜春并各项人等都向怡红院内去过之后，一起一起的散尽了，只不见凤姐儿来，心里自己盘算道："如何他不来瞧宝玉？便是有事缠住了，他必定也是要来打个花胡哨，讨老太太和太太的好儿才是。今儿这早晚不来，必有原故。"一面猜疑，一面抬头再看时，只见花花簇簇一群人又向怡红院内来了。定眼看时，只见贾母搭着凤姐儿的手，后头邢夫人王夫人跟着周姨娘并丫鬟媳妇等人都进院去了。黛玉看了不觉点头，想起有父母的人的好处来，早又泪珠满面。少顷，只见宝钗薛姨妈等也进入去了。忽见紫鹃从背后走来，说道："姑娘吃药去罢，开水又冷了。"黛玉道："你到底要怎么样？只是催，我吃不吃，管你什么相干。"紫鹃笑道："咳嗽的才好了些，又不吃药了。如今虽然是五月里，天气热，到底也该还小心些。大清早起，在这个潮地方站了半日，也该回去歇息歇息了。"一句话提醒了黛玉，方觉得有点腿酸，呆了半日，方

图 2-33　齐头齐尾型的文字排列（竖排）

思考：

观察图 2-32 和图 2-33，思考齐头齐尾型文字排列方式的优点和适用内容。

基于上述优点，这种文字排列方式常用于正式或传统的出版物，如报纸、学术书籍、法律文件等，这些内容通常追求一种正式和权威的视觉感受，齐头齐尾的排版可以强化这一效果。在小说、教科书或其他长篇阅读材料中，齐头齐尾的排版可以帮助创造出视觉上的一致性，使得页面看起来更加整洁有序，有助于读者长时间阅读。在设计包含多栏文本的页面（如杂志、新闻稿）时，齐头齐尾的排版可以确保各栏之间的视觉对齐，提升整体的美观度和专业感。

尽管齐头齐尾的排版有其优点，书刊设计师在使用时也需要注意它的缺点，特别是在处理外语内容时，由于单词的长度差异，可能导致不一致的词间距——某些情况下词间距过宽，而在其他情况下则过窄。这种不均匀的间隔容易引发所谓的"河流效应"，即页面上出现的不规则的白色空间条纹，从而可能干扰阅读流畅性并损害页面的整体美观。为了避免这些问题，设计师应考虑采用能够自动调节这些排版细节的软件和技术。运用这些工具，不仅可以大幅提升排版的效率，还能确保最终输出既美观又便于阅读。

二、文字排列：齐头散尾型

齐头散尾型的文字排列方式，即文本在左边界对齐，而右边界是不规则的。这种排版方式自然流畅。由于齐头散尾排版不强迫所有行长度相同，能够减少词间距的不一致性和"河流"效应（页面上不规则的白色空间条纹）等在齐头齐尾（两端对齐）的排版中常见的问题，因此可以提供更自然舒适的阅读体验，也能够更好地适应包含不同长度行的文本，使得页面布局更加灵活和有趣。不规则的右边界可以给页面带来一种轻松、动态的感觉，与严格的格局形成对比，对于创意出版物来说是一个重要的视觉元素。与两端对齐的文本相比，齐头散尾的文本减少了为了填充行而进行单词分割或调整的需求，从而降低了设计的复杂性，能够提高工作效率。

图 2-34　齐头散尾型的文字排列（竖排）

❓ 思考：
观察图 2-34 和图 2-35，思考齐头散尾型文字排列方式的优点和适用内容。

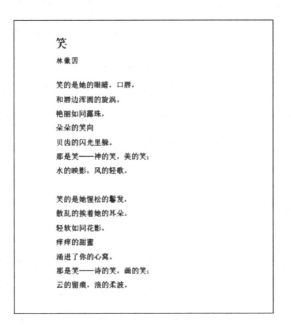

图 2-35　齐头散尾型的文字排列（横排）

基于上述优点，这种文字排列方式常用于创意和艺术类出版物，如诗集、短篇故事集、艺术画册等，齐头散尾的排版能够为这些内容增添一种非正式、自由的视觉风格。在设计具有丰富视觉元素（如图片、插图、边框等）的页面时，齐头散尾排版提供了更大的灵活性，以适应不同的布局和设计元素，所以在设计杂志和宣传册时，也常用这种方式。一些非正式的出版物，如博客、邮件、个人随笔等，也常通过齐头散尾型的排列方式来营造轻松的氛围和自由对话式的语气风格。

齐头散尾的排版方式视觉一致性较低，不规则的右边界（下边界）可能导致页面看起来不够整洁或杂乱，尤其是在包含大量文本的页面上。在传统或正式的出版物中，特别是在快速阅读或浏览大量信息时，这种不一致性可能会分散读者的注意力。相较于齐头齐尾的排版，齐头散尾的排版可能不能充分利用页面的水平空间，特别是当有某行显著短于其他行时。这可能导致页面需要更多的纸张或屏幕空间来容纳相同量的文本，从而影响成本和环境效益。特别需要注意的是，在某些类型的出版物中，如法律文件、学术论文和其他需要高度正式格式的文档，齐头散尾的排版可能不符合传统的格式要求。所以，书刊设计师在对待格式有严格规定或传统的内容时，要注意多加咨询和查阅资料。

三、文字排列：居中型

居中型的文字排列方式是一种在视觉设计和排版中常用的布局技巧，其中文本从其所在行的中心点开始对齐，创建出左右边缘不对称的视觉效果。这种排版方式将文本均匀分布在中心轴线周围，使得每行的起始和结束点在水平方向上不固定，但整体上形成一种视觉上的平衡和对称感。

齐头散尾型的文字排列方式，即文对
右边界是不规则的。这种排版方式自然流畅。由于
排版不强迫所有行长度相同，能够减少词间距的不一致
性和"河流"效应（页面上不规则的白色空间条纹）等在齐头齐
尾（两端对齐）的排版中常见的问题，因此可以提供更自然
适的阅读体验，也能够更好地适应包含不同长度行的文本，
使得页面布局更加灵活和有趣。不规则的右边界可以
面带来一种轻松、动态的感觉，与严给格
的格局形成对比对于创意出版物来说是
素。与两端对齐的文本相比，
齐头散尾的文本减少了
进行单词分割或调
能够提
心

图 2-36　居中型的文字排列（横排）

结论：齐头散尾型的文字
排列方式，即文本在左
边界对齐，而右边界是不规则的
。这种排版方式自然流畅
由于齐头散尾排版不强迫所有行
长度相同
能够减少词间距的不一致性和、河
流、效
应（页面上不规则的白色空间条纹）
等在齐头齐尾（两端对齐）的排版中
常见的问题，因此可以提供更自
然舒适的阅读体验，也能够更好地适应
包含不同长度行的文本，使得
页面布局更加灵活和有趣。不规则的右边
界可以给页面带来一种轻松、动态
的感觉，与严格的格局形成对比，对
物来说是一个重要的视觉元素行而进行单
词分割或调整的作效率。

图 2-37　居中型的文字排列（竖排）

❓ 思考：

观察图 2-36 和图 2-37，思考居中型文字排列方式的优点和适用内容。

居中排列创建了一个明确的视觉焦点，使得读者的注意力自然集中在页面的中心，常用于强调重要信息或特定元素。这种排版方式通常给人一种更正式、更专业的印象，适合那些需要表达尊重或正式性的文本。居中排版能够有效地突出中心元素或信息，使其成为视觉焦点，这在设计上可以用来吸引和引导读者的视线。对于内容较少的页面或设计

元素，居中排版可以很好地适应空间，避免视觉上的空虚。

基于上述优点，在书籍和杂志设计中，居中排版常用于章节标题、小节标题或任何需要强调的标题，以吸引读者的注意力。邀请函和证书通常需要一种正式且庄重的布局，而居中排版能够提供这种感觉。居中排版可以增强诗歌和歌词的艺术性和表现力，同时也反映了文本结构的独特性。在餐厅菜单和特殊活动的宴会单中，居中排版常被用来突出显示菜品或项目，创造一种优雅和精致的感觉。广告和宣传海报，也会利用居中排版来加强视觉焦点和信息的传达，特别是那些需要突出中心信息或图像的。

尽管居中排版有其优点，但在长篇文本或需要高可读性的出版物中，过度使用可能会导致阅读困难和视觉疲劳。因此，书刊设计师在使用居中排版时应考虑其最佳用途，并平衡页面上的其他元素，以确保既达到视觉上的吸引力，又不牺牲阅读体验。

四、文字排列：自由型

自由型的文字排列方式也称为自由流式或混合式排版，在出版物设计中指的是一种灵活的排版方法，它允许文本、图像和其他设计元素在页面上自由布局，而不受传统排版规则的严格限制。这种排版方式适用于需要高度个性化和创意表达的图书或内容，特别是那些标准的排版布局无法满足其表现需求的情况。

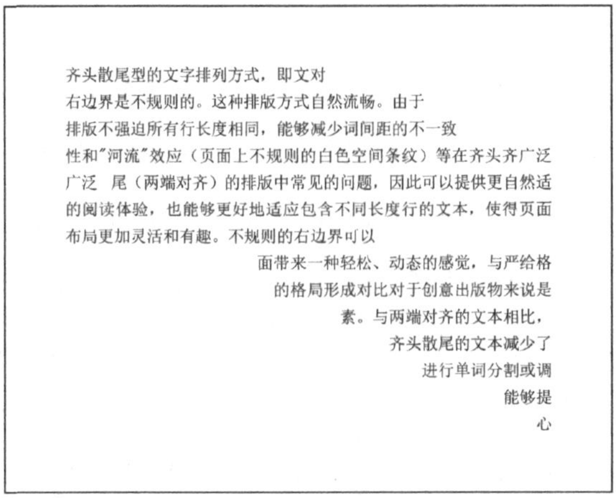

齐头散尾型的文字排列方式，即文对
右边界是不规则的。这种排版方式自然流畅。由于
排版不强迫所有行长度相同，能够减少词间距的不一致
性和"河流"效应（页面上不规则的白色空间条纹）等在齐头广泛
广泛 尾（两端对齐）的排版中常见的问题，因此可以提供更自然适
的阅读体验，也能够更好地适应包含不同长度行的文本，使得页面
布局更加灵活和有趣。不规则的右边界可以
面带来一种轻松、动态的感觉，与严给格
的格局形成对比对于创意出版物来说是
素。与两端对齐的文本相比，
齐头散尾的文本减少了
进行单词分割或调
能够提
心

图 2-38　自由型的文字排列（横排）

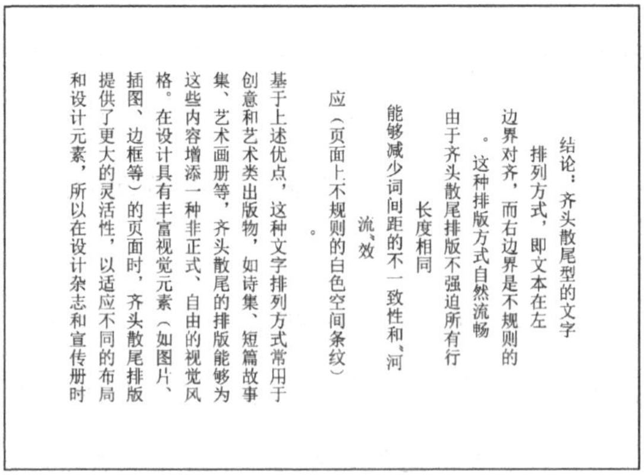

图 2-39　自由型的文字排列（竖排）

结论：齐头散尾型的文字
排列方式，即文本在左
边界对齐，而右边界是不规则的
。这种排版方式自然流畅
由于齐头散尾的排版能够为
长度相同
能够减少词间距的不一致性和"河
流"效
应（页面上不规则的白色空间条纹）

基于上述优点，这种文字排列方式常用于
创意和艺术类出版物，如诗集、短篇故事
集、艺术画册等，齐头散尾的排版能够为
这些内容增添一种非正式、自由的视觉风
格。在设计具有丰富视觉元素（如图片、
插图、边框等）的页面时，齐头散尾排版
提供了更大的灵活性，以适应不同的布局
和设计元素，所以在设计杂志和宣传册时

？ 思考：
观察图 2-38 和图 2-39，
思考自由型文字排列方
式的优点和适用内容。

　　自由型排版提供了极大的设计自由度，允许设计师根据内容的特性和表达需求自由组合文本和图像。这种排版方式可以创造出独一无二的页面布局，反映出内容的独特性和设计师的个人风格。通过不受传统格局限制的排版，自由型排版可以更有效地吸引读者的视线，增加阅读或浏览的兴趣。自由型排版可以通过强调某些视觉元素或使用非常规的文

第二章／样式

本布局来加强信息的传达效果。

　　基于上述优点，对于展示艺术作品、设计项目或摄影集的图书，自由型排版可以帮助增强视觉效果，使每一页都成为一个独立的艺术品。一些杂志和期刊也常用自由型的文字排列方式，尤其是那些强调视觉创意和创新内容的杂志，自由型排版可以提供独特的页面布局，增加内容的吸引力。对于儿童来说，传统的、刚性的文字排列可能显得枯燥乏味。自由型排版通过提供多样化的阅读路径和视觉体验，能够更好地吸引儿童的注意力，增加他们对阅读和探索的兴趣。通过使用自由型排版，设计师可以将文字和图像组合成各种互动元素，如翻翻页、拉条、隐藏图片等，鼓励儿童参与到故事中来，增加他们的阅读参与度和互动乐趣。自由型排版的非线性和创意布局为儿童提供了一个开放的想象空间，使他们能够在阅读过程中构建自己的故事和意象。在需要吸引注意力和传达强烈信息的广告或宣传册中，自由型排版可以有效地突出关键信息和视觉元素。

　　相对于这些突出的优点，居中型排版也有一些缺点，居中排版可能不如左对齐或两端对齐的文本在空间利用上高效，它在页面两侧留下不均匀的空白，会导致页面空间的浪费，尤其是在页面宽度有限的情况下。居中排版不适合需要快速传达大量信息的出版物，如报告、手册或教科书，因为它可能影响信息的清晰传递和文档的专业外观。居中排列的文本可能会影响阅读的自然流畅性。读者在阅读每行结束后返回到下一行的开始时，由于每行的起始点不一致，可能需要不断调整阅读节奏，这在长段落文本中尤其显著。对设计师而言，在具有大量页面的出版物中，保持居中排版的一致性比左对齐或两端对齐更难平衡。设计师需要精心规划布局，以确保整个出版物中的文本对齐方式保持统一和谐。

五、文字排列：混排与保持统一

图 2-40　混合多种文字排列方式

❓ **思考：**

观察图 2-40，思考混排有什么优点。

选择混合多种排列方式还是保持排版统一，取决于出版物的目标、内容类型以及预期的读者群。混合排列方式更适合于视觉导向的出版物，如杂志、广告和艺术书籍，其中设计的创意性和视觉吸引力是重点。而统一的排版风格则适合于文本密集型的出版物，如学术论文、报告和教科书，这些出版物强调内容的清晰度和易读性。最终，无论选择哪种方法，关键都在于如何有效地利用排版来增强信息的传达和读者的阅读体验。

混合采取多种排列方式有以下优点：第一，增强视觉兴趣，通过混合使用多种文字排列方式，设计师可以在页面上创造出更多的视觉层次和兴趣点，吸引并保持读者的注意力；第二，突出重要信息，不同的排列方式可以用来区分文本的不同部分，帮助突出关键信息或重要内容，使其更容易被读者识别和记忆；第三，提高布局的灵活性，混合使用不同的文字排列方式增加了布局的灵活性，允许设计师根据内容的性质和页面元素的布局需求进行创意排版；第四，改善内容的组织结构，通过变化文字的排列方式，可以帮助读者理解内容的结构和层次，特别是在包含多种类型信息（如标题、正文、引用等）的复杂页面上。

混合采取多种排列方式有以下缺点：第一，可能导致版面混乱，如果没有恰当地使用，过多的排列方式可能会让版面显得杂乱无章，影响整体的协调性和美感；第二，阅读流程可能受阻，过分频繁或不适当的变换排列方式可能会打断阅读流程，使读者难以跟踪文本。

基于上述优缺点，设计师即便采用混合使用，也应确保在相似的内容类型或版面结构中保持一致的排列方式。使用多种排列方式时，应注意版面的视觉平衡，避免某一部分过于密集或空旷。每种排列方式的选择都应有明确的目的和逻辑，确保它们能够增强内容的表达和读者的理解。

保持排版统一有以下优点：第一，创建一致的阅读体验，统一的文字排列方式可以提供一致的阅读体验，帮助读者在整个出版物中轻松地跟踪和理解信息；第二，增强专业性和信任感，是在商业和学术出版物中，一致的排版风格可以传达出专业性和可靠性，增加读者对内容准确性的信任；第三，提高可读性：对于包含大量文本的出版物，统一的文字排列方式（如左对齐或两端对齐）通常能提供更好的可读性，使长篇内容更易于阅读和理解；第四，简化设计过程，保持排版风格的统一可以简化设计和审校过程，尤其是在设计需要遵循特定格式或指南的出版物时。

书刊／版式与样式设计

保持排版统一有以下缺点：第一，缺乏视觉变化，过于统一的排列方式可能会使版面显得单调乏味，缺乏视觉吸引力；第二，灵活性较低，对于需要强调或区分的内容，统一的排列方式可能不如混合排列方式灵活有效。

基于上述优缺点，书刊设计师即使主要采用统一的排列方式，也可以通过其他设计元素（如字体大小、颜色、图像等）添加视觉兴趣点。对于特定的版面或内容，适当引入不同的排列方式，以强调重点或改善阅读体验，但应确保这种变化既有目的又有限度，同时，选择最适合内容传达和读者阅读习惯的排列方式，确保设计服务于内容。

结　语

　　在书刊设计的世界里，每一个决定都承载着特定的意义，每一次尝试都可能开启新的视角。

　　希望读者通过阅读本书，不仅能够掌握设计的基础知识，更能在此基础上发挥个人的创意和风格。这本书汇集了丰富的设计知识。每一章节、每一个案例的设置，无论是在面对文字排版、版面布局，还是图像选择和颜色搭配时，都是为了设计师在实践中能够更好地应用这些知识，拥有足够的信心和能力，创造出既美观又实用的作品。

　　设计是一门综合艺术，它要求设计师不仅要有良好的审美能力，还要具备解决问题的能力，每一个设计项目都像是一个新的谜题，等待着你去解决。这本书提供的不仅仅是解决方案，更重要的是引发思考：如何在遇到设计难题时能够灵活运用所学知识，找到最合适的解决路径。设计也是一门不断进化的艺术。随着时间的推移，新的趋势和技术将不断涌现。因此，保持好奇心和学习的热情，对于每一位设计师来说都至关重要。在设计的世界中，每个人都有机会留下自己的独特印记。无论是设计界的新手，还是经验丰富的专家，都有无限的可能等待着你去探索。让我们以这本书为基础，不断追求创新，勇于实践，共同推动书刊设计不断向前发展。

最后，衷心希望各位读者在追求美学和功能平衡的道路上不断前行。优秀的设计不仅能够传达信息，更能够触动人心，让我们一起用设计讲述故事，创造无与伦比的阅读体验。

参考文献

[1] 麦克卢汉. 理解媒介:论人的延伸[M]. 何道宽,译. 北京:商务印书馆,2004.

[2] 巴比耶. 书籍的历史 [M]. 刘阳,等译. 桂林:广西师范大学出版社,2005.

[3] 宗白华. 艺境[M]. 北京:北京大学出版社,2004.

[4] 阿恩海姆. 艺术与视知觉[M]. 滕守尧,译. 四川:四川人民出版社,1998.

[5] 杉浦康平. 亚洲的书籍、文字与设计:杉浦康平与亚洲同人的对话[M]. 杨晶,李建华,译. 北京:生活·读书·新知三联书店,2009.

[6] 杉浦康平. 造型的诞生:图像宇宙论[M]. 李建华,杨晶,译. 北京:中国青年出版社,1999.

[7] 舒倩. 书籍形态中的翻阅设计[D]. 北京:中央美术学院,2006.

[8] 诺曼. 设计心理学 3:情感化设计[M]. 张磊,译. 北京:中信出版社,2015.

[9] 赵健. 范式革命:中国现代书籍设计的发端(1862—1937)[M]. 北京:人民美术出版社,2011.

［10］邱陵. 书籍装帧艺术史［M］. 重庆：重庆出版社,1990.

［11］达恩顿. 阅读的未来［M］. 熊祥,译. 北京：中信出版社,2011.

［12］LOXLEY S. Type：the secret history of letters［M］. Loden；New York：I. B. Tauris,2004.